PRÉCIS

SUR

LA MINE DE SEL GEMME DE VIC,

DÉPARTEMENT DE LA MEURTHE,

ET SUR

LES PRINCIPALES MINES DE SEL DE L'EUROPE;

SUIVI

DU RAPPORT FAIT A L'ACADÉMIE ROYALE DES SCIENCES,

PAR M. D'ARCET,

Au nom d'une Commission composée de M. le Comte CHAPTAL, de M. GAY-LUSSAC, de M. VAUQUELIN, de M. DULONG et de M. D'ARCET.

PARIS,

DE L'IMPRIMERIE D'ÉVERAT, RUE DU CADRAN N° 16.

Février 1824.

TABLES DES MATIÈRES.

NOTICE

SUR

LA MINE DE SEL GEMME DE VIC,

ET

Sur les principales Mines de Sel Gemme de l'Europe.

DEPUIS un grand nombre de siècles, l'Allemagne, la Pologne, l'Angleterre et l'Espagne exploitent des mines de Sel gemme avec un succès toujours croissant. Jusqu'aujourd'hui cet avantage manquait à la France (1).

---

(1) « Les mines de sel, comparées aux carrières et aux » autres mines, sont en petit nombre: l'on en a du moins » très-peu découvert; nous n'en connaissons même point en » France.» —Guettard, Académie des Sciences, ann. 1762, » page 496. »

« La France ne présente pas de mines de Sel gemme. » De la Richesse Minérale, par M. Héron de Villefosse. Tom. 1, pag. 235, année 1810.

Cependant la nature n'avait pas été ingrate pour nous. Nous possédions, sans la connaître, une mine plus vaste et plus belle, que celles qui ont enrichi tant d'autres pays de l'Europe. Par quelle fatalité avons-nous attendu si long-temps pour en opérer la découverte?

Ce retard doit sans doute être déploré; mais le dommage qu'il nous a causé sera compensé amplement par la supériorité de la mine nouvelle. Un rapprochement entre cette même mine et les mines de sel les plus célèbres de l'Europe, en donnera la conviction.

Cardonne, Dürrenberg près Salzbourg, Nortwich et Wieliska, nous serviront de terme de comparaison.

MINE DE CARDONNE.

Sa situation. La mine de Cardonne (2) est située à 16 lieues de Barcelonne, et à 14 du faîte central des Pyrénées. Elle forme une protubérance ou hauteur isolée, de 3 kilomètres de longueur sur un kilometre de largeur; son élévation n'est que de 100 mètres. Elle offre quelque ressemblance, par son

(2) Voir, sur Cardonne, le Mémoire publié en 1816, par M. Cordier.

volume et sa configuration, avec la butte Montmartre.

Cette montagne se compose principalement :

1° De roches de sel marin pur à gros grains à demi transparens ; 2° De roches de sel marin, à petits grains et de diverses couleurs ; savoir : blanc grisâtre, gris de perle, blanc rougeâtre, rouge de chair, lie de vin et rouge brunâtre ; 3° de roches de sel marin en masses grenues et souillées d'argile ; 4° enfin de bancs de gypse et de masses d'argile mélangées de différentes substances.

Ces matériaux se présentent dans des proportions très-inégales. Les roches ou bancs de sels colorés forment les sept dixièmes de la montagne ; Le sel impur et les bancs d'argile, les deux dixièmes ; les bancs de gypse et le Sel gemme parfaitement pur, entrent à peine pour un dixième dans la totalité.

Disposition des couches.

L'argile domine du côté du nord ; le sel coloré, au midi ; les couches transparentes et parfaitement pures sont presque toutes réunies au pied de la montagne du côté de l'est-sud-est. Elles y constituent deux appendices peu élevées, où l'on a établi le siége de l'exploitation.

Mode d'exploitation.

L'extraction se fait à ciel ouvert et par tailles horizontales, pratiquées en gradins; chaque gradin a un mètre de hauteur sur autant de largeur. Leur longueur est assez grande pour que dix ou douze mineurs puissent travailler de front. On mène ordinairement huit tailles de cette sorte les unes au-dessus des autres. L'abattage des bancs de sel se commence à coup de poudre, et s'achève avec le pic. Du reste, on n'enlève que les quartiers un peu gros; on les porte sous des meules dans un atelier voisin. Le sel, après avoir été égrugé, est expédié à dos de mulet, et livré à la vente sans autre préparation.

On ignore l'époque du commencement de l'exploitation.

Il est à remarquer que, quoique cette masse de Sel gemme, presque pure, soit exposée depuis des siècles et tout à fait à nud, aux intempéries de l'atmosphère, elle ne paraît pas avoir sensiblement diminué de volume. Aussi d'anciens préjugés voulaient-ils que les masses de sel se renouvelassent d'elles mêmes (3).

La beauté du Sel de Cardonne, et la facilité de son extraction, donneraient à cette mine une valeur inappréciable; mais la difficulté des chemins

---

(3) La Martinière, tom. 5, pag. 261.

rend les transports fort coûteux; la mer n'est pas très-éloignée, et dans un pays aussi chaud, elle fournit en abondance du sel fabriqué par l'action du soleil. Ces deux circonstances diminuent l'importance de l'exploitation.

MINE DE DURRENBERG,

près de Salsbourg (4).

La chaîne de montagnes calcaires, qui s'étend de l'est à l'ouest, dans la Haute-Autriche, et qui, après avoir traversé la Bavière, se dirige vers Hall en Tyrol, et jusqu'en Suisse, présente, au pied de son versant septentrional, des masses considérables de Sel gemme, qui paraissent appartenir à la même formation.

Ces masses ont donné lieu aux exploitations d'Ischel et Hallstat en Autriche, de Berchstolsgaden en Bavière, d'Aussée en Styrie et de Hall en Tyrol; mais la plus importante, et la plus ancienne de toutes, est celle de Dürrenberg, à une lieue d'Hallein, dans le pays de Salzbourg.

C'est sur la rive gauche de la Salza, et dans un bassin inégal formé par les prolongemens adoucis Sa situation.

---

(4) Ce qui concerne Dürrenberg est extrait principalement de l'ouvrage de M. de Villefosse (tom. 2, pag. 376 à 390).

d'un embranchement de cette chaîne de montagnes, que s'élève isolément la hauteur de Durrenberg.

Son élévation est de 560 mètres, sa longueur d'environ 2300, sa largeur de 750.

Disposition des amas salifères.

Une croûte légère de terre végétale, d'argile à poterie et de marne durcie, recouvre cette montagne. L'intérieur est presqu'entièrement occupé par des amas salifères. Dans le voisinage, se trouvent des masses énormes de grès ferrugineux.

Étendue de la Mine.

Une exploitation de douze siècles a permis de reconnaître les limites de la mine, sur les deux flancs, et à l'une des extrémités de la montagne. Bornée de ces trois côtés par des roches calcaires, cette mine n'excède pas la superficie du Dürrenberg; mais on ignore encore sa profondeur ainsi que son étendue vers le nord-ouest. Cette dernière particularité a fait penser qu'il y avait continuité, dans cette direction, jusqu'à la mine de Berchstolsgaden, située à quatre lieues de distance.

Qualité du sel.

La mine de Dürrenberg est loin d'être pure. Elle se compose d'argile salifère (salzthon); souvent elle renferme des noyaux de marne schisteuse, (Hazelgebirge). Tantôt le sel, disséminé dans ces masses terreuses, n'est reconnaissable que par le goût; tantôt il est crystallisé et présente aux yeux comme un assortiment de rubans de diverses couleurs ; des lames de schiste coloré suivent les veines du sel et se conforment à leurs ondulations.

Comme, dans cette mine, le sel n'est que rarement en masses assez considérables pour qu'on puisse l'exploiter avec profit par le procédé ordinaire de l'entaillement, on a reconrs à la dissolution par le moyen de l'eau (5). Mode d'Exploitation.

On recueille, dans des conduits disposés à la surface de la montagne, plusieurs ruisseaux d'eau douce qui coulent sur ses flancs. Ces eaux sont dirigées dans des excavations pratiquées au sein de la masse salifère.

Les eaux, en agrandissant ces excavations, d'abord peu étendues, se saturent des parties salines ; et les parties terreuses se précipitent.

La saturation s'achève d'ordinaire en trois semaines. A 25 ou 26 degrés, on la regarde comme

---

(5) M. de Villefosse, tom. 2, pag. 378. Il ajoute plus loin (pag. 390 et 391): « Que la méthode de dissolution ne con-
» vient que dans quelques localités et lorsque, comme au pays
» de Salzbourg, le sel est habituellement accompagné de
» parties terreuses très-abondantes. Lorsqu'au contraire la
» substance exploitable constitue des masses où elle se trouve
» seule et presque pure, on l'exploite par des travaux sou-
» terrains analogues à ceux des autres mines. »

complète. Les eaux salées s'écoulent ensuite par des conduits pratiqués dans des galeries, qui l'amènent à 14 grands réservoirs situés au jour et dans lesquels elles se dégagent de leurs dernières imputés. De là, cette eau clarifiée coule vers des chaudières établies dans la ville de Hallein, où le sel se cristallise au moyen de l'évaporation.

Travaux intérieurs.

Les travaux occupent neuf étages. Du sommet de la montagne à sa base, ils offrent une profondeur de 1600 pieds. Ils communiquent les uns aux autres par des puits inclinés.

Cinq de ces puits servent à l'introduction des eaux douces. Neuf galeries aboutissent au jour, et servent à l'écoulement des eaux salées et à l'enlèvement des déblais.

Lacs artificiels.

Chaque étage a plusieurs lacs artificiels, et une galerie d'écoulement. La galerie, connue sous le nom de Wolf Dietricksberg, a exigé pour son percement, un travail de 37 années (de 1596 à 1633). Le nombre total des lacs est de 33; mais tous ne sont pas en activité en même temps.

Leur grandeur varie. Les lacs ordinaires contiennent 200,000 pieds cubes d'eau environ, équivalant à 36,000 quintaux de sel; le plus grand, s'il était entièrement rempli, contiendrait 1,100,000 pieds cubes, équivalant à 200,000 quintaux de sel.

Quand un lac a été vidé, on laisse sécher les argiles et les parties terreuses qui en tapissent le fond. On enlève ces matières et l'on remet en état les digues, tuyaux et conduits avant d'introduire de nouveau les eaux douces. Les petits lacs sont réparés trois ou quatre fois par an, les grands une fois tous les 3 ou 4 ans. Ces réparations sont coûteuses.

Entretien des Galeries.

L'entretien des galeries est plus dipendieuse encore. La masse salifère n'est ni assez compacte ni assez solide pour dispenser de boiser et d'étayer presque toutes les communications. L'action de l'air sur ces masses molles et imbibées d'eau, occasionne un renflement qui brise les bois les plus épais. Il faut les renouveler ou les remplacer sans cesse; et l'on ne prévient pas toujours les éboulemens(6).

---

(6) « Il y a une église au-dessus de la montagne, où les » curieux font leurs dévotions avant de descendre dans » la mine, et se recommandent à Dieu pour qu'il les garan- » tisse de malheur. Ce n'est pas sans raison, car il est quel- » quefois arrivé que des gens se sont perdus, la terre s'étant » écroulée, et les ayant opprimés ou ayant comblé les passa- » ges par où ils devaient sortir. » (Lamartinière, tome 4, page 24).

Mode d'abatage L'entaillement des galeries s'opère au pic dans la masse salifère, et à la poudre dans les roches calcaires.

La production annuelle est d'environ 350,000 quintaux.

Telles sont les mines de Dürrenberg. Malgré le triple inconvénient de la mauvaise qualité du sel, de la nécessité d'un raffinage et du peu de solidité du terrain intérieur, leur exploitation n'en est pas moins regardée, depuis plus de mille ans, comme très-lucrative.

MINES DE NORTWICH.—*Comté de Chester.*

L'Angleterre est traversée du nord au midi, dans presque toute sa longueur, par une chaîne de montagnes peu élevées.

Situation.

Les mines de Sel gemme du comté de Chester se trouvent dans un terrain onduleux, à peu de distance de ces montagnes et sur leur versant nord-ouest.

Elles sont exploitées à Nortwich, petite ville éloignée de 10 lieues de Liverpool, et située sur la Weever, rivière dont le cours a été rendu navigable jusqu'à ce port de mer.

Dans le voisinage, il existe aussi des mines de fer.

A 120 pieds de profondeur, on commence à rencontrer des amas de sel grenu et souillé d'argile. A 180 pieds, se présente un banc de sel, qu'on exploite dans une épaisseur d'environ 30 pieds. Les travaux n'ont pas été poussés à une plus grande profondeur. Profondeur de la Mine.

Les amas salifères s'abattent au pic, et le banc de sel par l'entaillement ou au moyen de la poudre. Mode d'abatage

Les exploitations sont nombreuses et peu régulières. Cependant elles sont conduites avec autant de simplicité que d'économie. La méthode employée pour remonter le minerai est ingénieuse.

Des chemins en fer, pratiqués dans des puits inclinés, servent à la circulation de charriots liés les uns aux autres, et qui sont mis en mouvement par des pompes à feu.

Les amas salifères sont très-impurs : le banc offre des sels de différentes nuances, mais presque toujours fortement colorés en rouge. Qualité du Sel.

Ces derniers sels sont peu mélangés de gypse et d'argile. En revanche, ils contiennent en général une si forte dose de magnésie, que plusieurs bills du Parlement en défendent l'usage sans un raffinage préalable. Cependant, soit que ces dispositions prohibitives ne reçoivent pas une exécution rigoureuse, soit qu'elles contiennent quelques exceptions, soit enfin, que certaines parties de la mine se trouvent moins imprégnées de magnésie, il est certain que des quantités notables de sel de Nortwich sont employées sans épuration en Angleterre, principalement pour les salaisons.

Les sels réservés à ce dernier emploi sont égrugés par des moulins à manége dont le mécanisme intérieur ressemble à celui du moulin à café, mais dont la poire est taillée en hélice.

Les Sels gemmes destinés à la consommation de l'Angleterre, sont épurés dans une multitude de raffineries à Nortwich, à Liverpool et sur divers points du royaume. Le raffinage coûte peu, en raison de l'abondance et du bon marché des houilles. Celles du Lancashire et du Cumberland arrivent dans le voisinage de la mine, par la mer, les canaux de l'intérieur et la Weever.

Une partie de ces sels raffinés est exportée aux États-Unis; mais la grande masse des exportations s'opère en blocs ou en pierres d'une moyenne grosseur, sans aucune préparation et sans qu'on se serve d'emballages.

On calculait, il y a quelques années, que les

mines de Nortwich et quelques sources salées des environs, subvenaient annuellement à une fabrication de 1500 mille quintaux de sel raffiné, et à une exportation de 800 mille quintaux de sel brut. (7)

Ces exportations avaient pour destination l'Amérique, la Russie, la Prusse, la Suède et la Norwège. Depuis huit à dix ans, elles se sont accrues en accaparant la presque totalité de l'approvisionnement du royaume des Pays-Bas. Ces mêmes sels, après avoir été raffinés en Hollande, remontent par le Rhin et ses affluens à Mayence, à Francfort, et jusques dans le Wurtemberg; (8) mais les nouveaux établissemens de Wimpfen, de Swinningen et de Dürheim, repousseront probablement les produits de Nortwich, des pays situés sur les bords du Rhin.

---

(7) Villefosse, tom. 1, pag. 233.

(8) Friderickshall est situé près de Wimpfen, à 10 lieues d'Heidelberg, dans le royaume de Wurtemberg. Des sources salées à 20 degrés, ayant été découvertes en ce lieu, on commença d'abord par bâtir une saline. On chercha ensuite à reconnaître s'il n'existait pas de mine de sel gemme à la proximité de ces sources Des travaux entrepris dans cette vue firent constater l'existence d'une masse salifère à 600 pieds au-dessous du niveau du Necker. L'extrême

MINES DE WIELISCKA ET DE BOCHNIA,

En Gallicie.

Situation de ces Mines.

Les mines tant vantées de Wieliska et de Bo-

---

abondance des eaux souterraines rendaient la construction d'un puits difficile et hasardeuse. On se borna à chercher à les mettre en communication avec la masse salifère. Des pompes conduites jusqu'au siége du Minerai procurent des eaux à 25 degrés.

Cette découverte excita l'émulation du grand-duché de Bade. On se mit à faire des fouilles de tous les côtés; ces recherches furent long-temps infructueuses. Enfin, on atteignit il y a environ trois ans, dans le territoire de Dürheim, à cinq lieues de Wimpfen, un premier banc de sel, à 377 pieds de profondeur. Ce banc avait 15 pieds; il était suivi d'un intervalle de 22 pieds, après lequel une seconde couche de 37 p. fut traversée.

On essaya d'abord de construire des puits d'extraction; mais, la presqu'impossibilité d'épuiser les eaux engagea à renoncer à cette entreprise, après beaucoup de dépenses inutiles. On en évalue le montant à un demi-million.

Il fallut avoir recours au procédé de Fridérickshall; employé avec succès depuis quelques mois, il donne des eaux plus riches que les précédentes, puisqu'elles ont de 26 à 27 degrés de salure. Les premiers sels produits par les eaux de Dürheim ont été promenés en triomphe dans les principales villes du Grand-Duché, au son de la musique et avec une escorte de cavalerie.

Tandis que l'on faisait de vains efforts à Dürheim, pour creuser des puits d'exploitation, le Wurtemberg tentait, de son côté, d'obtenir du Sel gemme en nature. Il fit travailler à

chnia, sont situées en Galicie, sur le versant nord-est des Krapacks, et à 20 lieues de distance de ces montagnes qui renferment des mines de fer et de divers autres métaux.

Entre Sambo et Kuty, points placés sur le même versant, il existe 38 sources salées; Sambo

---

Swinningen, point de son territoire le plus rapproché de Dürheim. On retrouva, il est vrai, un banc de Sel gemme de 36 pieds d'épaisseur, à 560 pieds de profondeur; mais on ne parvint pas davantage à le rendre exploitable. Les mêmes inconvéniens s'étant manifestés, on fut forcé de recourir aux mêmes expédiens: les eaux obtenues à Swinningen offrent de 26 à 26 degrés et demi de salure.

Il est heureux pour la France, que cette affluence extraordinaire d'eaux souterraines ait mis obstacle à l'exploitation régulière des mines de Dürheim et de Swinningen; car si le hazard avait voulu que ces mines étrangères fussent égales en beauté et en salubrité à la mine de Vic, nous eussions perdu sans retour, la possibilité d'exporter des sels vers cette partie de l'Allemagne; mais tant que la rive droite du Rhin n'aura que des eaux salées à opposer aux produits de Vic, ceux-ci conserveront la chance de pénétrer dans le Grand-Duché de Bade et dans le royaume Wurtemberg. D'un autre côté, ces nouveaux établissemens ont déjà porté, comme cela devait être, un grand préjudice aux salines de l'Est: on conçoit, en effet, que des sources à 10, 13 et 17 degrés, ne peuvent soutenir la concurrence de sources saturées à 26 et à 27 dégrés.

2

est à 45 lieues de Wieliska, et Kuty à 50 lieues plus loin (9).

On présume que toute cette superficie de terrein recouvre des matières salées qui communiqueraient entr'elles et s'étendraient jusqu'à Wieliscka. Cette région salifère aurait alors environ 100 lieues de longueur sur 20 de largeur.

Wieliscka est au même niveau au-dessus de la mer que Paris ; placée à deux lieues de Cracovie et à douze de Bochnia, cette petite ville est bâtie sur des collines qui forment un vallon sans issue. Des sources sulfureuses et bitumineuses existent dans les environs. Le terrein de Bochnia est également onduleux ; à l'Orient se trouvent des exploitations de houille.

Nature du terrain.

Le terrain de Wieliska est de formation secondaire : il présente d'abord un lit de sable, puis diverses couches d'argile, de gypse, de marne bitumineuse, entremêlées de débris de coquillages et de lits de pierre calcaire mince et lamellée ressemblant à de l'ardoise.

---

(9) Cette notice sur Wieliscka a été principalement tirée : 1° du Mémoire de M. Guettard (recueil de l'Académie des Sciences, année 1762) ; 2° du Mémoire publié par M. Berniard, en 1782 ; 3° de l'ouvrage de M. de Villefosse, tome 2, page 290 et suivantes. D'autres auteurs ont aussi été consultés.

Les dernières couches d'argile contiennent du sel grenu; plus on approche de la mine, plus le mélange salin devient abondant. On trouve aussi, çà et là, de gros blocs de sel isolés, cantonnés dans de la glaise, ou bien de petites quantités de sel en filamens très-fins et très-déliés. Quelquefois les masses grenues renferment de petits quartiers de sel parfaitement purs et transparens comme du cristal. Ce n'est même que dans cette partie des travaux qu'on découvre accidentellement ces cristaux d'exception dont on fait de petits ouvrages curieux, comme des crucifix, des salières, des chapelets, etc. (10)

Pour utiliser les argiles salifères et les masses grenues, il faudrait les faire dissoudre dans l'eau; mais on ne s'amuse pas à cette opération. (11)

La première masse continue de Sel gemme a été trouvée à 200 pieds de profondeur; trois masses principales et quelques masses intermédiaires ont été reconnues; elles sont exploitées depuis 600 ans.

Étendue des travaux et puissance des masses.

L'étendue des masses de sel n'est pas connue. (12)

---

(10) Berniard, pages 14 et 15.

(11) Guettard, page 499.

(12) Pendant 500 ans, les travaux de Bochnia ont été con-

Les travaux occupent un espace de 8400 pieds en longueur, de 4,800 en largeur, et de 900 en profondeur. (13)

Ces masses, séparées par des couches d'argile de 3 à 4 pieds d'épaisseur, ont, dans quelques endroits, 40 pieds de puissance et dans d'autres, 3 seulement. Elles inclinent vers l'ouest en augmentant de volume; elles ne sont point horizontales; elles subissent des ondulations qui semblent déterminées par les contours de collines sous lesquelles la mine est située; mais elles finissent toutes par s'abaisser vers le fond de la mine, en formant un angle d'inclinaison de 45 degrés. La première masse, rencontrée d'abord à 200

---

duits dans la direction de Wieliscka : en 1772, on fut arrêté par des masses de Marne, qui ne contenaient pas un atome de sel. On crut d'abord que l'exploitation de Bochnia était épuisée; mais en se tournant du côté du midi, on trouva du sel en grande abondance, et qui était beaucoup plus pur que celui qu'on avait exploité jusqu'alors.

(13) Villefosse : d'autres auteurs donnent à ces travaux un bien plus grand développement. Leur étendue réelle est, à ce qu'il paraît, peu connue; aucun voyageur n'a visité la totalité des travaux; l'administration ne communique pas les plans qu'elle possède, et ne permet à personne de lever le dessin de la Mine.

pieds de profondeur, descend ensuite 300 pieds plus bas.

De l'inclinaison des masses résulte la nécessité de diviser les travaux par étages.

Nombre d'étages.

On compte quatre étages : le premier est à 240 pieds de profondeur; le second, à 462; le troisième, à 728; le quatrième, à 900.

Nombre de puits

Il existe 13 puits dans cette exploitation : 9 aboutissent au jour, mais 3 sont hors de service. Ces puits portent des noms de princes et de particuliers. (Puteus regis, Ludovici, Danielowitch, Gorscko, etc., etc.)

L'un des puits sert à l'extraction des eaux; les autres à l'enlèvement des sels ou à la descente des ouvriers.

Le diamètre de ces puits est de 8 pieds dans un sens et de 9 dans l'autre; ils sont revêtus d'arbres de pin dans toute leur profondeur.

Pour descendre dans ces puits, les ouvriers se servent d'échelles fixées contre les parois, ou bien ils s'attachent au câble par des bretelles passées par dessous leurs jarrets et leurs reins. Quelquefois une vingtaine d'ouvriers se trouvent attachés en même temps au même câble.

Escalier. Les personnes de distinction arrivent dans la mine par un escalier percé à 500 toises de distance de l'un des puits. Cet escalier, construit en briques et en moellons, conduit par 470 marches au premier étage des travaux.

Un escalier en bois, de 370 marches, descend du 1er au 2e étage. Des galeries en pente douce y conduisent également et lient entre eux le 3e et le 4e étage.

Chapelles, Magasins, Écuries. Une longue galerie, pratiquée dans toute la longueur du 1er étage, communique à des excavations qui servent de magasin au sel extrait des étages inférieurs. A cette galerie aboutissent également une écurie de 80 chevaux; de vastes salles, dans lesquelles les ouvriers prennent leur repas; des chambres destinées à renfermer leurs outils; la chancellerie, où travaillent quatre commis qui tiennent la comptabilité de l'exploitation; trois chapelles (dédiées à Notre-Dame, à St-Jean Népomucène et à St-Antoine). Toutes ces constructions sont taillées dans le sel vif. Les meubles de la chancellerie, tels que tables, fauteuils, etc., sont en sel; les colonnes des chapelles, les autels, les crucifix, les statues de plusieurs saints sont formés de la même matière.

Qualité du Sel. Le Sel de Wieliska est un composé de petits cubes réunis ou de lames parallélogrammes; sa couleur varie du gris clair au vert et au noir foncé. Ce sel est opaque. Rien de plus rare hors de la région des argiles salifères que de trouver des cristaux blancs ou transparens.

« Malgré toute l'attention que j'apportai en par-
» courant cette mine, dit M. Berniard, pour y
» trouver du sel blanc transparent et d'une figure
» régulière, il ne me fut pas possible d'en voir
» dans l'espace de six heures que j'y demeurai. »

Souvent le même bloc de sel offre diverses nuances. Souvent aussi le sel du plus beau gris renferme des parties terreuses ou une substance noirâtre, qui paraît être du bois pourri. Cette substance s'enflamme à l'air. Quelques auteurs prétendent que ce sel contient accidentellement du souffre et des pyrites. Ce qui est certain, c'est qu'en brisant vivement des morceaux de sel de Wieliska, il s'exhale, au moment où le bloc éclate, une légère fumée imprégnée d'une odeur bitumineuse.

Le sel vert, impur et grenu, qui abonde surtout dans les travaux supérieurs, s'appelle Mackowka; le sel en roche et les agglomérations de petits cristaux, plus communs dans la profondeur, s'appellent Zielowna et Szybickhowka.

Ces variétés ne suivent pas des lois bien constantes. Elles se trouvent en masses plus ou moins suivies, plus ou moins considérables, tantôt dans une partie de l'exploitation, tantôt dans une autre. Cependant plus profondément on pénètre dans ces mines, plus le sel est abondant et pur (14).

Excavations

Nous avons parlé des galeries en pente douce qui communiquent d'un étage à un autre. Le long de ces galeries, on taille des chambres d'exploitation dans les endroits où le sel se montre de meilleure qualité. Malheureusement, dans des temps où la science des mines était encore dans son enfance, on a trop souvent donné à ces excavations une étendue démesurée. Les salles Czartorinscki, Crustrinsky, Klosky, sont réellement effrayantes par la grandeur de leurs dimensions. La dernière a 180 pieds de large et 360 pieds de haut. Ces travaux téméraires ont causé des éboulemens (15) et des accidens nombreux. On est obligé d'étayer ces excavations à force de dépenses, par d'immenses charpentes de bois ou par des constructions en maçonnerie. Depuis un siècle, une marche plus sage a été adop-

---

(14) Berniard, pag. 7.

(15) « Quelquefois les éboulemens ont occasionné une compression assez forte dans l'air pour jeter des ouvriers et des masses de sel à des distances considérables. » Guettard.

tée, et l'on ne s'écarte plus aujourd'hui des dimensions prescrites par les règles de l'art.

On est également obligé de boiser presque toutes les galeries. Comme elles traversent des masses de sel qui n'offrent pas partout la même solidité, et des argiles moins solides encore, les parois des galeries sont cintrés à plate-bandes avec des madriers d'un pied d'équarrissage, adhérens les uns aux autres par de grosses chevilles de bois (16). Ce boisage est un des objets de dépense le plus considérable.

Salubrité de la Mine.

Au danger près des éboulemens, qui sont beaucoup plus rares aujourd'hui qu'autrefois, cet immense souterrain est parfaitement salubre. Les ouvriers ne sont sujets à aucune des incommodités qu'éprouvent ceux qui travaillent dans d'autres espèces de mines (17). L'air circule partout avec facilité; il est sec et tempéré. Les galeries sont d'une sécheresse et d'une propreté surprenantes, (18) à raison du soin que l'on prend pour en détourner les eaux.

---

(16) Berniard, pag. 11.

(17) Guettard.

(18) Guettard.

Eaux intérieures

On ne trouve point de sources salées dans la mine : il n'y en a d'aucune espèce (19) ; mais des eaux douces, en s'insinuant dans les terres, se chargent quelquefois des parties salines qui s'y rencontrent, et elles suintent et filtrent ensuite dans l'intérieur (20) : ces eaux sont peu abondantes, et se présentent surtout dans les travaux supérieurs (21) ; on en épuise une partie dans des sacs de cuir mis en mouvement par un manège. On dirige le reste dans des excavations abandonnées, où elles forment, à la longue, des lacs d'eau salée, dont quelques-uns sont assez vastes pour être visités en bâteau (22) . ces eaux quand elles sont complètement saturées, coulent sur les bancs de sel sans les dissoudre, chose fort simple, mais que des ouvriers ignorans ont long-temps attribuée à un sortilége. Autrefois on utilisait ces lacs salés en en faisant évaporer les eaux ; mais on y a renoncé depuis 1724 (23), époque à laquelle l'exploitation s'est

(19) Guettard.

(20) Guettard.

(21) Villefosse.

(22) Villefosse.

(23) Berniard.

perfectionnée. Les bois étaient chers et l'exploitation du sel brut plus profitable.

Une infiltration d'eau douce a été soigneusement préservée de tout contact avec le sel. Recueillie dans un bassin, elle est menée, par des conduits en bois, dans la galerie du premier étage, où elle sert à abreuver les hommes et les chevaux.

L'abatage du sel s'opère par l'entaillement (24) : cette méthode est bien connue. On fait une entaille peu profonde autour des blocs que l'on veut abattre, et on enfonce à grands coups de maillet des coins en fer d'un seul côté. Bientôt le bloc se déchire et tombe (25). Abatage.

Dans certaines parties de la mine, plusieurs ateliers de cette espèce sont disposés en gradins les uns au-dessus des autres.

La dimension ordinaire de ces blocs est de 8 pieds de long sur quatre de large et deux d'épaisseur; divisés ensuite en deux ou trois morceaux, on les

---

(24) « Ces ouvrages ne sont pas, en général, difficiles à » excaver, vu le peu de résistance qu'opposent à l'entaille- » ment et le Sel et les roches qui l'accompagnent » : Villefosse, tome 2, page 391

(25) Berniard.

taille en cylindres pour pouvoir les rouler plus facilement. Ces cylindres appelés Balwanen pèsent de 5 à 6 quintaux ; les fragmens sont emballés dans des tonneaux du même poids. Les sels trop défectueux sont employés à remblayer les galeries abandonnées.

Ces tonneaux et ces cylindres, sont chargés sur des charriots que des chevaux conduisent au premier étage en suivant les galeries décrites plus haut. Les sels y restent emmagasinés jusqu'au moment des ventes. Alors ils sont remontés au jour dans des réseaux de cordes à l'aide de machines à molettes.

Expédiés sans préparation quelconque, ces fragmens et ces blocs sont consommés sans raffinage, en Pologne, en Russie, en Livonie, en Prusse, en Silésie, en Bohême, en Autriche et en Hongrie, et enfin partout où ils sont transportés. Chaque consommateur les égruge à son gré. Leur usage dans ces différens pays n'a jamais excité de plaintes ni causé de maladies.

600 ouvriers sont attachés à l'exploitation de Wieliska : ils se relèvent de huit heures en huit heures. Il y a aussi dans la mine, 80 chevaux qui n'en sortent jamais que lorsqu'ils sont hors de service.

On expédie annuellement de Wieliska, 1,500,000 quintaux de sel, et 300,000 de Bochnia (26).

MINE DE VIC.

Nous venons de citer plusieurs fois M. Guettard. Ses Mémoires, curieux sous plusieurs rapports, le sont surtout par les prédictions qu'ils renferment. N'est-il pas remarquable, en effet, qu'en parcourant la Pologne, et en examinant les collines de Wielisçka, cet académicien ait deviné l'existence de la mine de Vic?

» Les montagnes de Château-Salins en Lorraine, » dit M. Guettard, font voir beaucoup de lits » argileux ou glaiseux, verdâtres ou d'un rouge » lie de vin. Ces lits forment des ondulations et » sont un peu inclinés à l'horizon. Le rapport qu'il » y a entre ces montagnes et celles de Wieliska, » du moins quant à ce qui regarde les lits de glaise » ou d'argile, leur couleur, leur ondulation, leur » inclinaison, ce rapport, dis-je, est tel que j'en » fus, en voyant ceux de Wieliska, tellement » frappé, que je pensai d'abord que des recher- » ches faites en Lorraine pourraient peut-être

» conduire à la découverte de quelques mines de » sel en roches. L'eau des fontaines salées ne » doit, sans doute, le sel dont elle est chargée, » qu'à des rochers de sel sur lesquels elle passe. » Il ne s'agirait que de trouver ce magasin : la » découverte n'en sera peut-être due qu'au hasard; » mais un hasard prévu, pourrait n'en pas devenir » un, si on tournait ses vues de ce côté, et si, par » des fouilles faites dans les montagnes voisines » de ces fontaines, on cherchait à s'assurer s'il ne » se montrerait pas quelques indices de sel en » masse. Ces réflexions sont peut-être en pure » perte ; mais les recherches d'un naturaliste, » transporté en pays étranger, devant toujours » être faites dans l'intention de les rendre utiles » à sa patrie, j'ai cru ne devoir pas supprimer ces » réflexions. Elles ne sont que des soupçons, mais » des soupçons qui peuvent être utiles, et qui mériteraient peut-être qu'on cherchât à les réa- » liser, ne doivent pas être passés sous silence. » (27).

Soixante années se sont écoulées sans qu'on ait songé à profiter des conseils de ce savant modeste: ses écrits, enfouis dans le volumineux recueil de

---

(27) Mémoires de l'Académie des Sciences; ann. 1762.

l'Académie, semblaient être tombés dans l'oubli. Les inventeurs de la mine de Vic n'en avaient même pas connaissance.

Recherche et découverte de la mine de Vic.

Des recherches, commencées en 1818, sur des hauteurs voisines de Vic, et portées ensuite dans l'enceinte même de la ville, ne donnèrent, pendant près d'une année, aucun résultat.

Le 14 mai 1819, la sonde atteignit le premier banc de sel, à une profondeur de 195 pieds.

Cette découverte ayant été constatée, le 30 juillet suivant, par l'Administration des Mines, selon les formes que prescrit le décret du 3 août 1810, un grand nombre d'autres sondages furent opérés successivement pendant le cours des années 1819, 1820, 1821, 1822 et 1823, dans les territoires de Vic, de Rozieres, de Petoncourt, d'Haboudange, de Mulsay et de Maizières.

De tous les points explorés, Maizières est le plus rapproché des Vosges, et cette situation promettait un succès plus facile qu'ailleurs; mais ces sortes d'indications sont souvent trompeuses; ce sondage est précisément le seul qui ait déçu toutes les espérances. A 200 pieds, quelques couches de marne salifère ont été traversées : plus bas on n'a plus retrouvé d'indice de bancs de sel. Cette fouille a été abandonnée à 500 pieds de profondeur (28).

Dans tous les autres lieux, la mine a été reconnue à des profondeurs inégales, dont la moindre est de 153 pieds, et la plus considérable de 280.

Étendue de la mine.

Au moyen de cette longue série de sondages et après cinq ans de travaux, il a été constaté que les bancs de Sel gemme occupaient une superficie de trente lieues carrées. Ce minimum prodigieux est encore inférieur à l'étendue réelle, puisque les limites de la mine n'ont été trouvées que du côté de Maizières. La profondeur totale est également ignorée, et le sera peut-être toujours.

Nature du terrain.

Le sol fouillé est presque identique à celui de Wieliska. Des débris de coquillages, des roches calcaires, de la marne argileuse, des argiles schisteuses salifères (salzthon), du gypse et du sel fibreux composent les diverses couches du terrain qui conduisent au 1er banc de sel (29). Partout, avant d'arriver à la mine, on a traversé des argiles salifères, et dans quelques localités, ces argiles ont été rencontrées à 70 pieds et à 100 pieds de pro-

(28) Journal des Mines, page 254.

(29) Voir pour de plus amples détails le journal des Mines, pages 251 à 256.

fondeur seulement (30) ; c'est-à-dire plus de 100 pieds au-dessus du 1er banc de sel. On a remarqué en outre que, dans quelques points, les eaux qui suintent de ces argiles salifères sont salées (31), d'où l'on doit inférer que les sources salées de la Lorraine se saturent dans ces couches d'argile salifère et non dans les couches de Sel gemme. Car dans cette dernière hypothèse, au lieu d'avoir de 10 à 17 degrés de salure, leur contact avec les bancs de sel leur donnerait nécessairement une saturation complète, et elles auraient de 25 à 26 degrés comme les eaux de Dürheim, de Swinningen et de Friderikshall.

Constructions des puits.

Puits Villeneuve.

La construction d'un premier puits d'essai entreprise en 1820 et poussée à 128 pieds de profondeur, fut suspendue en 1821 par suite d'accidens survenus dans le boisage.

Puits Becquey.

Un second puits commencé en 1821, a été heureusement conduit jusqu'au 1er banc de sel en 1823. Les premières sources se sont manifestées à 28 pieds du sol; les dernières ont été retenues à 126 pieds (32). Ces eaux ont été traversées par des

(30) Ibid., pages 252 et 255.

(31) Ibid., pages 260.

(32) Ibid. pages 257.

machines ordinaires, sans qu'il ait été besoin de recourir à des pompes à feu. Ce puits a 8 pieds de diamètre; il est picoté et cuvelé comme ceux d'Anzin. Il a été continué jusqu'au fond de la 6me couche. Il a aujourd'hui 333 pieds de profondeur.

Puits nouveau.

Un troisième puits ouvert le 1er septembre 1823, a actuellement 130 pieds de profondeur; les eaux rencontrées en grande abondance à cause de la saison, viennent d'être surmontées avec un égal succès.

L'exploitation intérieure n'offrira une aisance et une régularité parfaites que lorsque ce puits aura été achevé et mis en communication avec le précédent par une galerie souterraine.

Ces trois puits ont été construits dans une propriété appartenant aux inventeurs, et dans une enceinte élevée par leurs soins. Ils y ont déjà établi les bâtimens et ateliers nécessaires à l'emmagasinage et à la trituration des sels. Du reste, cette enceinte est assez vaste pour contenir un quatrième puits, et quatre puits exploités simultanément, subviendraient avec facilité à une production d'un million de quintaux métriques par an (33), c'est-à-dire que l'on pourrait concentrer dans

---

(33) Chaque puits peut donner 250,000 quintaux métriques par an. Ce calcul est aisé à établir. Pour descendre la tonne,

un seul enclos une exploitation triple de celle des huit salines de l'Est réunies (34).

Nombre et puissance des couches connues.

Neuf couches de sel ont été reconnues. La première, atteinte à 205 pieds de profondeur dans le puits Becquey, a8 pieds d'épaisseur; la seconde 7 1[2, la troisième 42, la quatrième 9, la cinquième 10, la sixième 34. C'est là que s'arrête le puits. Les intervalles qui séparent ces six premières couches ne sont que de 3 à 4 pieds. On trouve, après un intervalle de 27 pieds, une 7me et une 8me couches de 2 à 3 pieds d'épaisseur, et après un nouvel intervalle, une 9me couche dans laquelle la sonde s'est enfoncée de 9 pieds sans en trouver la

---

la remplir, la remonter et la verser, il faut 6 minutes. Chaque tonne contient de 3 quint. 1/2 à 4 quint. métriques de Sel gemme; prenons 3 quint. 1/2 seulement. On aura par heure 35 quint., par jour 700 (à 20 heures d'extraction par jour.), 2,100 quint. par mois, et 252,000 par an. Observons qu'aujourd'hui on ne se sert à Vic que de machines à molettes, et de tonnes d'une médiocre capacité. De grandes tonnes mises en mouvement par une pompe à feu, donneraient de bien plus fortes quantités.

(34) Savoir: Dieuze, Moyenvic, Château-Salins, Saulnot, Soulz, Salins, Arc et Montmorot. Ces huit établissemens réunis ne produisent plus maintenant qu'environ 350,000 quint. métriques par an.

fin. L'épaisseur réunie de ces 9 couches est de 125 pieds (35).

Travaux intérieurs, préparatoires à l'exploitation.

Les travaux préparatoires qu'il faut nécessairement terminer avant de procéder à une exploitation régulière, sont les plus lents et les plus difficiles de tous. De là vient que ces mêmes travaux

---

(35) Un rapprochement entre la puissance des bancs de sel de Vic et la puissance des bancs de houille d'Anzin, présenterait des résultats intéressans. Personne n'ignore combien la grande et belle exploitation d'Anzin est renommée en France, et quel parti ses possesseurs ont su en tirer. Cependant quelle pauvreté de minérai en comparaison de la mine nouvelle! quelles difficultés surtout n'avait-on pas à surmonter!

A Anzin la houille se tire d'une profondeur de 1000 à 1300 pieds. Il a fallu des prodiges de l'art et des efforts inouis pour traverser des eaux sans cesse renaissantes. Plusieurs pompes à feu sont coutinuellement occupées à les épuiser. Les onze couches de houille qu'on exploite, sont si minces, que la plus puissante n'a que quatre pieds d'épaisseur. Les autres sont communément de deux, trois pieds, quelquefois de 18 pouces et d'un pied de puissance seulement. Elles sont séparées par des intervalles de 30, 40 et 60 pieds. Il faut abattre, la plupart du temps, huit quint. de matières pour se procurer un quintal de houille marchande. Certes, il y a loin de là à des couches de 30 à 40 pieds d'épaisseur, situées seulement à 200 pieds de profondeur, et dans lesquelles on peut, comme on dit, tailler en plein drap.

n'ont pu recevoir encore un développement bien considérable dans le puits Becquey, quoiqu'ils soient poussés avec toute l'activité possible par M. l'ingénieur en chef qui les dirige. *

La première chose à faire, c'est de creuser des galeries de déblai et de leur donner une certaine étendue, car on ne pourrait avec sécurité établir un abattage considérable de minerai à une trop grande proximité d'un puits. Des espaces suffisans pour classser les matières exploitées et des moyens de circulation sont d'ailleurs indispensables.

Quatre galeries de déblai ont été entamées dans la 3me, la 5me et la 6me couches de sel. La plus avancée n'a guère que 160 pieds de longueur. On ne gagne par jour qu'un pied ou 18 pouces de terrain.

Trois tailles ou galeries transversales ont été commencées il y a environ deux mois. Elles coupent à angle droit la galerie de circulation entreprise dans le haut de la 3me couche. Jusqu'à ce moment on n'avait eu que des matières de foncement et de déblai à présenter à la vente. Ces tailles donnent des sels plus convenablement abattus. Mais ce n'est là encore qu'un mode provisoire d'extraction.

Si la force des choses a imposé à ces premiers travaux une lenteur faite pour exciter l'impatience, on doit songer, d'un autre côté, que chaque jour

* M. Clérc.

rapproche de l'époque où les emplacemens et les communications nécessaires étant enfin obtenus, on pourra mettre en activité une exploitation régulière, sur de grandes masses, et dans des lieux choisis. Alors l'extraction du Sel gemme, maintenant si imparfaite et si gênée, prendra rapidement un vaste essor (36).

L'expérience acquise jusqu'aujourd'hui, a permis de reconnaître :

Salubrité de l'air.

1° Que l'air était salubre, et pur dans l'intérieur de la mine ;

Absence d'infiltration.

2° Qu'il ne se trouvait pas de sources passé le niveau du 1er banc de sel et qu'il n'existait point d'infiltration dans les galeries ;

Inutilité du boisage.

3° Que les bancs de sels et les roches d'intervalles

---

(36) Pour juger de cet essor, il faut calculer qu'en ouvrant une galerie, on ne peut d'abord y placer qu'un seul poste de mineurs. A une certaine distance, une première galerie transversale est entamée et occupe deux postes de plus. Plus loin une seconde galerie transversale en emploie deux autres etc., ces galeries transversales sont coupées à leur tour par des galeries parallèles à la première. Ainsi les produits croissent dans une proportion triple, quintuple, septuple, etc., l'abattage journalier finit par n'avoir d'autres limites que celles des quantités que les tonnes peuvent remonter en vingt-quatre heures.

offraient une solidité telle que tout boisage, dans ces mêmes galeries, sera inutile. Ces trois circonstances sont singulièrement favorables à l'exploitation.

Le Sel gemme de Vic offre, dans ses qualités les plus pures, le clivage cubique propre à cette substance; dans les autres parties, il est toujours lamelleux; mais les lames sont entrelacées dans tous les sens (37), c'est ce qui donne à ces bancs de sel cette solidité particulière dont nous venons de parler, et qui n'existe ni à Wieliscka, ni à Dürrenberg.

Disposition des couches.

A Vic, le sel est disposé par couches : à Wieliscka, on le trouve en amas. Cette dernière disposition est moins avantageuse que la précédente; il s'en suit qu'à Wieliscka, aucune indication précise ne sert à diriger les travaux vers les masses de beau sel; on les cherche à l'aventure, le hazard les fait découvrir : à Vic, au contraire, les mêmes espèces semblent suivre horizontalement la direction des bancs de sel, et elles paraissent offrir une espèce de continuité aux mêmes niveaux. Cette particularité épargnera beaucoup de tâtonnemens et facilitera l'extraction des qualités supérieures.

Qualités du sel.

Du reste, le rapport fait à l'Académie donne

(37) Journal des Mines, pag. 261.

une analyse exacte de ces diverses qualités; il établit la supériorité des sels gemmes blancs et demi-gris sur les sels raffinés, et celle des qualités inférieures de la mine sur les provenances des marais salans; enfin il démontre la salubrité de tous les produits de cette même mine.

Sans entrer dans des détails trop minutieux, et qui deviendraient fatigans, qu'il nous suffise de dire que la première couche est presque entièrement composée de sel blanc; que la seconde ne sera pas exploitée à cause de ses imperfections; que la troisième offre, dans sa partie supérieure, des sels blancs et gris-blancs, d'une extrême beauté et en très-grande abondance; puis des sels roses colorés par l'oxide de fer, et enfin, vers sa base, des sels mélangés de polialithe; que la quatrième donne des sels tirant sur le roux; la cinquième, des sels verdâtres; et la sixième, des sels d'abord défectueux et mélangés de polialithe, puis colorés en rose, comme ceux du milieu de la troisième couche.

Chacune de ces qualités trouvera son emploi; tous les pays ne préfèrent pas les mêmes nuances de sel : et comment chaque nuance ne serait-elle pas exploitée avec abondance, lorsque la mine est inépuisable?

Le calcul suivant en donnera la conviction : La mine est inépuisable.

Le pied cube de sel gemme pèse (38). . . . . 75 kilo.

Un mètre carré, sur un pied d'épaisseur, donnera. . . . 675

Un kilomètre carré sur un pied d'épaisseur, ... 675,000,000

Déduisons moitié pour les piliers et les parties non exploitées, restera 337,500,000 kilog., qui subviendraient à une exploitation de plus de trois années, à raison d'un million de quintaux métriques par an.

Les bancs de sel ont une épaisseur connue de 125 pieds; n'en prenons encore que la moitié pour faire une part très-large aux sels défectueux, nous trouverons que 63 pieds, dans un kilomètre carré, alimenteront une exploitation de 200 ans; dans une lieue carrée, une exploitation de 3200 ans et dans trente lieues carrées, une exploitation de 96000 ans.

L'abatage s'opère à la poudre : nul autre procédé ne pouvait être employé dans le principe. Il offre des inconvéniens ; la poudre noircit souvent Mode d'abatage.

(38) Brisson. Des pesanteurs spécifiques.

les cristaux ; elle produit plus de fragmens que de blocs; elle mélange, par conséquent, des nuances différentes quand elles se trouvent voisines l'une de l'autre, ce qui rend le classement des qualités moins complet et moins facile (39). L'avancement des ouvrages intérieurs donnera bientôt la faculté d'adopter le mode d'entaillement usité à Wieliska.

Egrugeage du sel gemme.

Quand l'usage du Sel gemme sera aussi généralement répandu en France qu'il l'est en Espagne, en Autriche, en Pologne, en Russie et en Prusse, il sera facile, si on le juge utile, de le livrer à la consommation en blocs et en fragmens, tel qu'il sort de la mine ; mais comme ce sel était une nouveauté pour nos consommateurs, il a fallu d'abord le pulvériser afin de se conformer à leurs habitudes.

La découverte d'une bonne machine à égruger, a été plus difficile qu'on ne l'imaginerait au premier abord. Beaucoup de mécaniques ont été con-

(39) Lorsqu'on perce des galeries de déblai, on ne peut, faute d'espace, opérer aucun classement dans les sels, ni en séparer les brouillages. Tout est abattu et enlevé pêle-mêle. Les tailles dernièrement entreprises ont donné le moyen d'opérer ce classement qui est nécessaire dans toutes les exploitations, même dans les mines de houille.

struites sans succès. Les unes donnaient de trop faibles résultats, d'autres salissaient le sel, d'autres procuraient un grain, ou trop gros, ou trop fin, ou trop inégal. Enfin, ce problème vient d'être ingénieusement résolu, par M. Molard, sous-directeur du conservatoire des Arts et Métiers à Paris, et par M. Harard, mécanicien à Nancy.

C'est un procédé qu'il a fallu découvrir pour arriver à s'en passer. En effet, lorsque ces mécaniques seront bien connues, les marchands voudront en avoir dans leurs magasins, et demanderont des blocs pour éviter les frais d'emballage. Les consommateurs à leur tour, après avoir vu des pierres se convertir en sel, par l'effet d'un broyage, ne feront plus difficulté d'acheter ces mêmes pierres, et on en viendra à les piler tout simplement dans chaque ménage, comme cela se pratique dans d'autres pays. Mais l'exploitant restera toujours le maître de conserver la manipulation de l'égrugeage s'il y trouve plus de profit (40).

---

(40) La privation de bonnes mécaniques a causé un embarras réel dans le début de l'exploitation expérimentale. A cette époque les inventeurs n'avaient encore à leur disposition que des sels de foncement et de déblai, extraits sans classement, ni triage quelconque; ils manquaient de tout moyen convenable d'égrugeage, ils n'avaient pas même assez de bâtimens pour travailler à couvert. Ils se trouvaient donc dans

Avantages de l'exploitation de Vic.

On connaît maintenant tout ce qui concerne les recherches, leurs résultats, la situation des travaux, et les progrès de cette exploitation naissante. Nous avons également parlé de la puissance et de l'immensité des bancs de sel, de la sécurité et de la facilité de l'extraction, de la richesse et de la salubrité des produits, reste à énumérer les autres avantages de la découverte de la Mine de Vic.

Le premier, est celui de sa position géographique et de la facilité des communications.

Position géographique.

La Mine est précisément située dans la partie de la France la plus éloignée des côtes de la mer. Les sels de l'Ouest et du Midi ne peuvent arriver dans les départemens de l'Est, que grevés d'énormes frais de transport. Le sel provenant des sources salées, se fabrique chèrement et se vend en conséquence. Découvrir une Mine de sel en Lorraine

---

l'alternative fâcheuse de s'abstenir de toutes ventes, ou d'en hazarder le succès en les commençant sous l'empire des circonstances les plus défavorables du monde. Ils ont préféré ce dernier parti, et ils ont lieu de s'en applaudir, puisqu'ils ont réussi. Malgré les difficultés que cette marche hardie devait nécessairement présenter, de grandes quantités de Sel gemme ont été vendues et consommées en France. La question de la facilité d'acclimater son usage s'est trouvée par là radicalement tranchée.

c'était donner à cette province plus que des marais salans.

Communications.

Quant aux communications, le voisinage de deux grandes villes de commerce (Metz et Nancy), offre de nombreux moyens de transport : la proximité de la Meuse, de la Meurthe et de la Moselle est encore plus utile. La Marne, à partir de Saint-Dizier, occupe plus de la moitié de la distance de Vic à Paris; mais lorsque la Seille, qui passe aux pieds de l'exploitation, aura été rendue navigable; lorsque les canaux que l'on construit aujourd'hui se trouveront achevés (41), alors le Sel gemme, em-

---

(41) L'article des canaux mérite une attention spéciale.

Commençons par la Seille : cette petite rivière se jette dans la Moselle à Metz, à 11 lieues de Vic. Sa canalisation est depuis long-temps projetée; cette opération présente peu de difficultés, et elle est vivement desirée par les départemens de la Meurthe et de la Moselle. Elle favoriserait le transport des bois et des productions agricoles, elle augmenterait la valeur des propriétés riveraines, elle convertirait en prairies des marais stériles, enfin en mettant en communication la Mine de Vic et la Moselle, elle assurerait des débouchés au Sel gemme dans le Luxembourg, le pays de Trèves, à Coblentz, à Cologne et sur les deux rives du Rhin inférieur.

Le canal de Dieuze à Sarrebrück, commencé par les salines et ensuite abandonné par elles, conduit à la Sarre, et donnerait au Sel gemme l'approvisionnement du pays de Deux-

barqué au lieu même de l'extraction, et transporté par eau dans toutes les directions, franchira les

---

Ponts et des contrées adjacentes; le canal projeté de Dieuze à Strasbourg, offre des avantages d'un ordre bien supérieur.

Metz et Vic se trouveraient en communication directe avec Strasbourg, le Rhin supérieur, les pays situés sur la rive droite de ce fleuve, et le canal de Monsieur. Ce dernier canal aboutit à la Saône, au canal de Bourgogne et au canal du Centre. Le canal de Bourgogne communique lui-même à l'Yonne, et celui du Centre à la Loire.

Tournons maintenant nos regards vers l'Est et le Nord-d'Est de la mine. Un canal projeté entre Dieuze et la Meurthe doit passer par Vic et aboutir à Froard, un peu au-dessous de Nancy. Un autre canal, partant de Froard et aboutissant à Verdun, unira la Meurthe et la Meuse. La Meuse, au moyen du canal des Ardennes, communique à l'Aisne, à l'Oise, au canal de Saint-Quentin et au canal d'Angoulême.

Ces canaux achevés, les produits de Vic amenés en Belgique et en Hollande par la Meuse, n'y redouteraient plus aucune concurrence. Rapprochés de Bâle par le canal de Monsieur, ils alimenteraient au moins le nord de la Suisse. Le trajet de la Flandre française, de la Picardie et de l'Artois, leur deviendrait facile, tandis que la Saône, la Loire et la Seine les porteraient jusques dans le centre de la France. Enfin, les vœux de tout le Commerce se trouveraient exaucés par l'établissement d'une navigation entre Paris et Strasbourg.

Parmi les canaux que nous venons de nommer, celui de Monsieur, ceux de Bourgogne, du Centre, des Ardennes

plus grands espaces et alimentera un immense territoire, tant à l'intérieur qu'au dehors de la France (42).

Comparaison de l'exploitation du sel gemme avec celle des salines.

Mais prenons les choses dans leur état actuel, et sans attendre l'achèvement des canaux, calculons l'importance probable de l'exploitation de la Mine de Vic. Pour établir cette évaluation, il faut comparer le mode et les frais de production de Sel gemme, du sel des salines et du sel de mer; leur bonté relative, et les avantages divers qu'ils offrent aux consommateurs et au commerce.

---

et d'Angoulême sont en pleine construction et seront achevés sous très-peu d'années. Il y aurait à établir ceux de Strasbourg à Dieuze, et de Dieuze à Verdun, ainsi que la canalisation de la Seille.

(Voir le rapport de M. le Directeur-Général des Ponts-et-Chaussées, sur la navigation intérieure de la France, 1820.)

(42) L'achèvement de ces canaux devait porter un coup funeste aux salines de l'est, en amenant le sel de mer au milieu de leurs établissemens. La mine de Vic ayant été découverte, ces mêmes canaux nuiront au contraire aux sels de mer en aidant au sel gemme à envahir une plus grande partie du territoire actuel de leurs approvisionnemens. En effet, les frais de production de ces deux espèces de sel, étant à-peu-près les mêmes, lorsqu'ils chemineront par les mêmes moyens, ils devront naturellement se rencontrer à mi-chemin des points respectifs de départ.

Sous le rapport de la qualité.

Relativement à la qualité, le rapport de l'Académie, ainsi que nous l'avons déjà indiqué, reconnait dans la première et dans la seconde variété de Sel gemme, plus de pureté et plus de richesse en muriate de soude que dans le sel des salines. Premier avantage en faveur de la Mine.

Ce rapport établit encore que les qualités inférieures du Sel gemme n'offraient rien d'insalubre. Le sel fabriqué dans les salines, n'a pas toujours été inoffensif. Des eaux saturées dans des argiles salifères, chargées de matières hétérogènes et surtout de magnésie (43), exigent de grandes précautions dans la fabrication. La moindre négligence vicie le sel ou le rend du moins excessivement amer (44);

---

(43) Voir le rapport de M. de Montigny, (mémoires de l'Académie des Sciences, année 1762); les analyses des eaux des salines, par M. Nicolas; le tableau annexé au rapport fait à l'Académie. Une analyse du sel des salines en petits cristaux, faite par M. Berthier, est citée dans ce même rapport. La voici en entier :

Muriate de Soude.	9,745
Sulfate de Magnésie, (près de 2 ½ p. %). .	230
Sulfate de chaux.	25
Total.	10,000

(44) En 1760, le sel des salines de Lorraine était devenu si insalubre, que son usage causa des maladies. Le peuple

les variations de l'atmosphère altèrent souvent le degré de saturation des eaux, et rendent leur évaporation plus difficile : rien de semblable à craindre dans l'exploitation du Sel gemme.

Le Sel à gros grains obtenu par une évaporation de 72 à 96 heures, est supérieur en qualité au sel à petits cristaux, fabriqué par une ébullition vive de 24 à 48 heures. On réserve le premier pour les exportations; le second est livré à la consommation intérieure et se vend plus cher. On s'est plaint quelquefois de cette différence de qualité (45). La

---

s'en plaignit, l'autorité intervint et la Chambre des Comptes de Nancy, par deux arrêts du 11 juin et du 3 septembre, ordonna de jeter à la rivière tous les sels qui n'auraient pas été purifiés dans le délai de trois mois.

En 1759 le parlement de Besançon adressa des remontrances au Roi sur la qualité corrosive de sels fabriqués à Salins et à Montmorot. M. de Montigny, membre de l'Académie des Sciences, fut chargé par le Gouvernement de vérifier si les plaintes des consommateurs étaient fondées, et il en reconnut la justice.

M. Quintard, directeur des Salines, dans son mémoire du 1er germinal an 5, sur les petites salines, dit que la santé des hommes était exposée, par des résultats de fabrication dégagés de surveillance et de responsabilité.

(45) « Le muriate de soude pur ou à gros grains était ex-
» clusivement réservé pour la Suisse; celui des Français res-
» tait souillé de toutes les matières étrangères que les eaux

nature, s'étant chargée elle-même du soin de fabriquer le Sel gemme, il n'y aura pas de raison pour traiter moins favorablement les Français que les étrangers.

Le sel des salines est déliquescent; il supporte difficilement de longs trajets sans s'altérer ou sans éprouver des avaries plus ou moins considérables: la chaleur le dessèche, l'humidité le gonfle, le moindre contact avec l'eau le dissout. Le Sel gemme, fût-il transporté en vrac, ne fera pas courir les mêmes risques aux acheteurs.

Mais le point de vue sous lequel l'exploitation du Sel gemme présente surtout une immense supériorité, c'est celui de la concentration du travail, de la simplicité de l'administration, et de la différence des frais de production.

Concentration du travail.

Dans une seule enceinte, on peut obtenir une exploitation triple et quadruple de celle de huit éta-

---

» entraînent, et dont quelques-unes le rendaient nuisible à » la santé dans la préparation des alimens. » Rapport de Loysel, pag. 5.

M. Berthier de Roville, dans son mémoire, lu en 1810, à l'Académie de Nancy, se plaint de ce que les sels destinés à l'exportation, sont deux fois meilleurs que ceux qui sont fabriqués pour les ventes à l'intérieur.

blissemens des salines ; nous en avons déjà fourni la preuve.

Le nombre et l'étendue de leurs bâtimens, le genre de leurs opérations, entraînent des réparations continuelles, et ce chapitre seul s'élève à plus de 400,000 fr. par an (46). L'extraction du Sel gemme, loin d'entraîner ces réparations et cet entretien dispendieux, tend, au contraire, à supprimer toutes les constructions. Au rebours des établissemens ordinaires, plus on exploitera et moins on l'aura à bâtir; le travail au lieu de détériorer l'atelier, l'améliore et l'agrandit.

---

(46) *Dépenses d'entretien et de réparation des bâtimens des salines.*

Année 1818.	499,500
Année 1819.	436,104
Année 1820.	436,104
Année 1821.	356,311
Année 1822.	384,493
Nous ne connaissons pas les dépenses de 1823.	
Total des cinq années.	2,112,512
Terme moyen.	422,502

Voyez les comptes rendus par le ministre des finances, (*Tableaux des produits des salines.*)

La fabrication disséminée des salines, exige, indépendamment de l'administration centrale, une multitude de directeurs, d'inspecteurs, de contrôleurs, de receveurs, d'employés de toute espèce.

Souvenons-nous qu'à Wieliscka, un directeur, un ingénieur et quatre commis, suffisent pour conduire toute la gestion.

Finalement, le sel des salines revient à 6 fr. de fabrication, tous frais compris (47); à Wieliscka, le sel ne coûte pas 1 fr., et à Nortwich, on l'obtient à moins de 70 centimes; ces différences sont de 600 p. 0/0 et de 1000 p. 0/0.

Cette différence, ne fut-elle que de 400 p. 0/0, donnerait une somme de quinze ou seize cent mille francs par an, sur les 350,000 quintaux fabriqués actuellement par les salines.

L'infériorité des frais offre un bien autre avantage, car la marchandise qui peut supporter des transports plus considérables, parcourt un rayon plus étendu.

Voyons ce qu'une marge de 4 fr seulement,

---

(47) Nous avons même lieu de penser que ces frais sont actuellement plus élevés, car, de 1810 à 1822, la fabrication des salines a diminué de 545,000 quintaux à 350,000, et les frais généraux sont restés à peu près les mêmes.

par quintal, donnerait de latitude au Sel gemme.

Quatre francs équivalent à 40 lieues de transport, à raison de 10 centimes par quintal métrique, pour chaque lieue (48).

Le sel des salines, du moins dans l'intérieur de la France, ne franchit guères une distance de plus de 30 lieues, à partir du point de sa fabrication.

Le rayon des salines, étant de 30 lieues, celui de la Mine serait par conséquent de 70 lieues; or, les superficies des cercles s'augmentent dans la proportion des carrés de leurs rayons, en sorte que si les salines alimentent une superficie de 2,700 lieues carrées, la Mine pourrait approvisionner une superficie de 14,700 lieues carrées, c'est-à-dire un territoire cinq fois plus étendu.

Nous ne pousserons pas plus loin la comparaison des deux exploitations. Passons aux sels de mer (49.)

---

(48) C'est le prix moyen des transports par terre. Les frais de transport par eau ne s'élèvent pas à 10 c. par quintal métrique.

(49) Quelques personnes ont demandé si le raffinage de certaines parties de Sel gemme donnerait des résultats plus

Comparaison avec le sel de mer.

Le rapport fait à l'Académie des Sciences, déclare que les qualités inférieures de Sel gemme, sont plus riches en muriate de soude, et qu'elles renferment moins d'eau, de cristalisation et de substances étrangères, que les sels de mer habituellement livrés au commerce. Voyez à cet égard le tableau annexé au rapport, voyez aussi une analyse curieuse, faite par M. Caventou, chimiste

Sous le rapport de la qualité.

---

avantageux que l'exploitation des sources salées. Cette question n'est pas difficile à résoudre. D'abord, le Sel gemme peut être transporté sous une forme solide, là où le combustible est à meilleur marché, et c'est une facilité dont les eaux salées ne peuvent jouir. Ensuite il est évident que des sources à 3, 5, 8, 10, 12 et 17 degrés, ne soutiendraient pas longtemps une lutte contre des eaux salées à 26 degrés. La différence de quelques degrés en produit une énorme dans la quantité des combustibles à employer. Par exemple, il a été constaté que des eaux à 20 degrés, employées de préférence à des eaux à 16, économisaient le combustible dans la proportion de 29 à 53. Au surplus, une série d'expériences authentiques fera bientôt connaître la quantité de bois ou de houille nécessaire à chaque degré de saturation. Ajoutons qu'on pourrait, même à la rigueur, se passer de combustible pour faire évaporer des eaux à 26 degrés; car, dans la belle saison, on obtiendrait certainement du sel par l'action seule du soleil, si l'on répandait ces eaux sur un terrain convenablement disposé. La Lorraine n'est pas située à une latitude beaucoup plus élevée que celle des marais salans de l'ouest.

à Paris, sur le sel de mer, dit œil de perdrix (50). cette variété renferme 1 et 1/4 de magnésie, et ne contient que 89 p. 0/0 de sel véritable. Malgré ses choquantes défectuosités, elle est très-recherchée dans certaines provinces, et même à l'étranger. Il en arrive toutes les années de très-grandes quantités à Paris. Certe, les consommateurs qui s'accommodent de cette espèce de sel, devront faire un accueil distingué aux plus médiocres produits de la Mine.

Sous le rapport de la production et des transports.

La production du sel de mer est sujette à beaucoup d'éventualités : elle dépend de la chaleur des saisons ; impossible en hiver, elle est souvent contrariée en été par la pluie et le mauvais temps. Dans les années froides et humides, la fabrication est presque nulle, les produits deviennent très-déliquescens, et cet inconvénient, qui dure quelquefois plusieurs années de suite, a des conséquences fâcheuses pour le consommateur, car plus le sel de mer est rare et cher, plus il est de mauvaise qualité. Cette instabilité s'étend aux trans-

(50) Voici cette analyse :

Chlorure de sodium, ou sel marin	89 00.
Muriate de magnésie	1 25.
Sulfate de chaux	0 75.
Sédiment silicé et ferrugineux.	3 00.
Eau d'interposition	6 00.
Total.	100 00.

ports. Lorsqu'ils s'effectuent par mer, des vents contraires, en retardant les arrivages les plus impatiemment attendus, trompent souvent les calculs des spéculateurs; les guerres maritimes ont toujours géné le commerce du sel de mer, et fait renchérir les transports.

Pour l'extraction du Sel gemme, il n'y aura ni hiver ni été, ni bonnes ni mauvaises années; des transports effectués par les canaux et les rivières de l'intérieur, n'auront rien à redouter des coups de mer ni des guerres maritimes: la faculté de produire également en tout temps, et de pouvoir toujours transporter en tout lieu, toutes les quantités réclamées par les besoins de la consommation, est un incontestable avantage (51).

---

(51) Quant aux dépenses des marais salans, nous ne saurions les déterminer avec exactitude, puisqu'elles varient comme les circonstances qui influent sur la production. Il faudrait faire ensuite entrer en ligne de compte les interruptions de travail, les stagnations de ventes, les avances de fonds, le délai des rentrées, etc. En prenant toutes ces choses en considération, nous sommes fondés à penser qu'il n'existera pas une différence très-sensible entre les frais du Sel gemme et ceux du sel de mer.

L'exploitation du Sel gemme, sera utile au Gouvernement, de deux manières.

Utilité pour le Gouvernement.

1° Il y aura entière sécurité pour la perception de l'impôt; l'Administration n'empêche la fraude des autres sels, qu'en multipliant sa surveillance sur toutes les côtes de la mer et partout où il existe des sources salées; trois ou quatre puits sont plus aisés à garder, rien n'en peut sortir clandestinement.

Sûreté de la perception de l'impôt.

2° Des redevances assises sur la Mine, ou toute autre combinaison de ce genre, peuvent garantir au trésor le remplacement ou la conservation du revenu particulier qu'il retire des salines de l'Est; ce revenu, qui a subi de grandes réductions depuis 8 années, par suite de la diminution de notre territoire et de quelques autres circonstances, n'est plus que de 2,400,000 fr.

Avantage pour le trésor.

Il importe au Gouvernement de s'en assurer la continuation; or la Mine de Vic lui donnera, à cet égard, des garanties que les salines ne sauraient lui offrir.

Il y a plus; cette heureuse découverte nous rendra peut-être les exportations que les salines n'ont pas su défendre contre la concurrence des fabriques de sel récemment établies sur la rive droite

Des exportations.

du Rhin (52); dans tous les cas, le Sel gemme arrivant en Belgique à la faveur de la Meuse, alimentera bientôt cette riche contrée, dont l'accès était fermé aux produits des sources de l'Est (53).

Reconquérir des exportations perdues, se frayer de nouveaux débouchés, c'est servir doublement l'industrie Française. Mais les Départemens de l'Est, sont appelés à recueillir d'autres avantages encore.

Consommation des bois.

Les salines sont des gouffres qui engloutissent incessamment de prodigieuses quantités de combustibles; le bois est rare en Lorraine, son prix est excessif : telles sont du moins les plaintes qui retentissent depuis cinquante ans dans cette province (54).

---

(52) Swinningen, Dürheim et Frederickshal. (Voyez la note 8.)

(53) L'entrée des sels raffinés est prohibée dans le royaume des Pays-Bas.

(54) Ces plaintes ont souvent attiré l'attention de l'Administration. Voyez :

1° Mémoire rédigé en 1788, par M. de Lhomond, après une mission remplie en Lorraine;

2° Mémoire de M. Pyroux, couronné à l'Académie de Nancy, 1791;

L'usage d'un sel, qui ne réclame point d'évaporation, fera baisser le prix des bois, et procurera aux consommateurs un soulagement vivement desiré.

La disponibilité d'une partie des coupes réservées aux salines, profitera aux forges, aux verreries, aux nombreuses manufactures de cette région

---

3° Rapport de M. Nicolas, associé de l'Institut, envoyé en mission dans les salines de l'Est, en l'an 2;

4° Rapport de M. Loysel, député, envoyé en mission pour inspecter les usines de l'Est, en l'an 3;

5° Mémoire de M. Quintard, directeur des salines, en l'an 5;

6° Demandes faites par le département, pour qu'il soit défendu aux salines d'employer d'autre combustible que de la houille;

7° Défense faite par l'Administration aux petites salines, d'employer du bois;

8° Mémoire de M. Bertier de Roville, à l'Académie de Nancy, sur les moyens de remédier à la cherté du bois en 1810;

9° Propositions faites par le Conseil des Mines pour économiser le bois dans l'exploitation des salines (Journal des Mines, tom. 3).

On pourrait multiplier la nomenclature de ces documens.

de la France (55) ; leurs travaux vivifiés par ce secours, prendront un plus grand essor, et cependant, de nouvelles entreprises s'élèveront bientôt à la suite de celle de Vic, car cette même région renferme aussi des mines métalliques, qui n'attendent pour être exploitées, que des combustibles moins dispendieux.

D'un autre côté, l'exploitation du Sel gemme contribuera à nous affranchir de plusieurs tributs que nous payons à l'étranger.

Houilles de Sarrebrück.

L'importation des houilles de Sarrebrück, deviendra moins nécessaire et par conséquent moins considérable. Nous venons d'en expliquer le motif. Cette importation nous est d'autant plus onéreuse que le Gouvernement Prussien perçoit un droit assez élevé sur ces houilles à la sortie de son territoire.

Salaison du poisson.

Nous sommes obligés d'aller chercher jusqu'en Portugal les sels qu'emploient nos pêcheries. Les produits des marais de l'Ouest et du Midi, ceux des salines ne conviennent nullement à la salaison du poisson et surtout à la préparation de la morue.

---

(55) On pourrait citer, parmi ces grands établissemens, la manufacture de glaces de St-Quirin, la verrerie de Cirey, les forges de Hayange, etc.

Quoique l'introduction des sels étrangers soit prohibée en France, la nécessité force à une exception pour les provenances de St-Hubes. Dunkerque est leur principal entrepôt. L'analogie qui existe entre ce sel et le sel gemme de Vic, donne l'espoir le plus fondé de pouvoir bientôt remplacer l'un par l'autre (56) : l'approvisionnement des salaisons de la marine et des pêcheries françaises, serait un objet d'une grande importance.

Salaison des viandes.

Quant à la salaison des viandes, la supériorité du sel gemme n'est plus une question. Il est particulièrement reconnu que le sel rose, imprégné d'oxide de fer, conserve mieux les viandes et leur donne une couleur plus fraîche et plus vermeille que les autres espèces de sels ; seulement il faut avoir attention de réduire ce sel en poudre avant de l'employer à cet usage (57).

Bestiaux.

Le Sel gemme sera également d'un emploi très-utile dans les bergeries. En France, on donne trop rarement du sel aux bestiaux (58). Cette den-

---

(56) On a employé quelquefois aux Etats-Unis des sels gemmes de Wieliska pour les salaisons du poisson.

(57) Les salaisons de Hambourg se font avec du Sel gemme.

(58) Voir Buffon, sur la nécessité de donner du sel aux bestiaux.

rée est chère, et en l'avalant avec trop d'avidité, les bœufs et les moutons gaspillent toujours une partie de ce qu'on leur présente. Toutes les étables du nord sont munies de blocs de sel mis à la portée de ces animaux. En léchant ces blocs, ils prennent peu de sel à-la-fois, mais ils en prennent souvent et ils n'en perdent point.

Cet usage, facile à naturaliser en France, préserverait les bestiaux de diverses maladies, et rendrait les races plus saines et plus vigoureuses.

Engrais. Le sel employé comme engrais exercerait l'influence la plus favorable à l'amélioration de l'agriculture, et les rebuts de l'exploitation de Vic seraient éminemment propres à cet emploi. L'impôt est un obstacle. Mais ne pourrait-on livrer aux cultivateurs, en franchise du droit, des sels qu'un mélange chimique aurait rendus impropres à la consommation ? Si la dépense d'une épuration excédait le montant du droit, nulle fraude ne serait à redouter. Il ne s'agirait que de trouver une substance qui, après avoir dénaturé le sel à peu de frais, ne pourrait être dégagée de ce même sel que par des procédés difficiles et très-coûteux. Il serait digne du Gouvernement de proposer un prix pour la solution de ce problême. Pourquoi ne trouverions-nous pas ce secret, puisqu'il a été découvert en Allemagne (59) ?

(59) Voyez plus loin ce qui concerne Schoenebecke.

Fabrication de produits chimiques.

Mais il n'y aurait ni secret à trouver ni problême à résoudre, pour employer avec un immense profit le Sel gemme à la fabrication en grand de tous les produits chimiques, dont le sel forme la base, ou dans lesquels il entre comme élément principal.

Appliqué à la fabrication de la soude, le Sel gemme donne 20 degrés de plus, que le sel de mer (60) : nul autre sel n'est plus convenable à la production des acides, nulle autre situation n'est plus propice que celle des environs de la Mine.

En effet, les provinces de l'Est ne possèdent qu'un très-petit nombre de manufactures de produits chimiques, tandis que les manufactures qui emploient ces mêmes produits y sont très-multipliées : par exemple, les verreries, les teintureries les manufactures de glaces, les fabriques de toiles peintes, de cuirs, etc.

La rive droite du Rhin consomme de grandes quantités de produits chimiques, et n'en fabrique point. Elle les tire en général de France. Vic est placé aux avant-postes du royaume pour exploiter ce débouché.

Si la fabrication du sel cessait totalement dans

---

(60) Voyez le rapport à l'académie.

les salines de la Meurthe ; leurs établissemens procureraient de magnifiques manufactures toutes construites. Les magasins, les fourneaux, les chaudières, tout pourrait être utilisé.

Pour juger de tout ce qu'il serait possible de faire en ce genre à la proximité de l'exploitation de Vic, il suffit d'examiner ce que les propriétaires de la belle saline de Schoenebecke en Wetsphalie, sont parvenus à obtenir dans un seul établissement.

Ils ont annexé à leur fabrication de sel :

1° Une fabrication de sulfate de soude en cristaux ordinaires ;

2° Une idem en beaux cristaux ;

3° Une de sulfate de magnésie de diverses qualités ;

4° Une de muriate de potasse ;

5° De muriate d'ammoniaque ;

6° De soude brute ;

7° De carbonate de soude cristallisé ;

8° D'acétate de soude cristallisé ;

9° De magnésie légère, dite magnésie anglaise.

10° De carbonate de magnésie ;

11° Idem calciné ;

12° De l'acide benzoïque ;

13° De l'acide muriatique de diverses qualités ;

14° Du muriate d'étain ;

15° *Enfin un engrais salant qui est vendu aux cultivateurs des environs de Magdebourg* (61).

Une dernière remarque terminera cet écrit :

Partout les Mines de Sel gemme ont été considérées comme une source abondante de prospérité ; partout leur découverte a été regardée comme un bonheur signalé ; partout, les plus défectueuses d'entre ces Mines, ont donné lieu à d'immenses exploitations d'une utilité prodigieuse. Or, maintenant si on résume cette Notice, et si l'on rapproche les exploitations que nous avons décrites de celle de Vic, on reconnaîtra que cette dernière offre d'incontestables avantages sur les plus fameuses Mines de l'Europe.

La Mine de Vic égale Cardone en pureté, et l'emporte par la facilité des communications, et son éloignement des marais salans ; comparée à Dürrenberg, elle présente un terrain plus solide, des travaux moins dispendieux, de véritables cou-

(61) Villefosse, tome 1, page 206.

chesde sel au lieu d'argiles salifères, dont l'extrême impureté commande le raffinage. Nortwich, favorisé par sa situation et le bon marché des transports, lui est inférieur par l'insalubrité de ses produits. Wieliska, dont tous les sels sont consommés sans épuration, n'offre que des qualités à peine égales aux dernières de Vic. Le beau sel blanc y est un objet d'exception, tandis qu'il abonde dans la Mine nouvelle. Enfin la disposition du sol exige à Wieliska des soutenemens, des boisages, des constructions en maçonnerie, dont la Mine de Vic n'a aucun besoin.

Accueillie avec enthousiasme dans les départemens de l'Est, la Mine de Sel gemme a bientôt éveillé une attention universelle : les Journaux, les Chambres ont retenti du bruit de cette découverte. Des savans, attirés de pays éloignés, l'ont visitée avec empressement, et ont proclamé sa supériorité sur toutes les autres Mines de cette espèce.

Le Gouvernement, jaloux d'encourager la création d'une richesse nouvelle, et attentif à tout ce qui peut ameliorer le bien être du pays, s'occupe de cette exploitation avec une sollicitude particulière : elle n'a pas moins excité le zèle de l'Administration M. le Directeur-Général et MM. les Ingénieurs des mines rivalisent d'efforts pour donner promptement aux travaux le développement nécessaire.

Le Jury, chargé d'apprécier les produits de l'industrie nationale, a décerné, lors de l'exposition de 1823, la grande médaille d'or aux inventeurs, et ils ont reçu des mains du Roi ce témoignage honorable du service important qu'ils ont rendu à leur patrie.

Enfin cette grande découverte vient de recevoir l'éclatant suffrage du corps le plus savant de l'Europe ; une Commission prise dans le sein de l'Académie des Sciences, et composée de MM. Chaptal, Gay-Lussac, Vauquelin, Dulong et d'Arcet, a rédigé le rapport que l'on trouvera à la suite de cette Notice, et qui a été adopté dans la séance du 15 décembre 1823.

RAPPORT

FAIT

A L'ACADÉMIE ROYALE DES SCIENCES,

Dans la Séance du 15 *Décembre* 1823,

SUR

LE SEL GEMME

DE LA MINE DE VIC (DÉPARTEMENT DE LA MEURTHE).

MONSIEUR le Directeur-Général des Mines, en adressant à l'Académie des Sciences des échantillons de Sel Gemme de la mine de Vic, l'a invitée, de la part de Son Exc. le Ministre des Finances, à examiner ce Sel sous le rapport de son application dans l'économie domestique et dans les arts, et à transmettre au Gouvernement ses observations. Une commission composée de MM. Chaptal, Gay-Lussac, Vauquelin, Dulong et d'Arcet, a été chargée, par l'Académie, de faire cet examen; elle a aujourd'hui l'honneur de lui en présenter le résultat.

Les sources salées du département de la Meurthe avaient, depuis long-temps, donné naissance aux salines de Dieuze, de Moyenvic et de Château-salins ; ces grands établissemens fournissaient de sel, l'Est et le Nord-Est de la France, et en exportaient des quantités considérables à l'étranger ; mais on ne connaissait pas l'origine de la salure de ces eaux, et ce n'est que dans ces dernières années (1), que l'on a découvert la Mine de Sel gemme, qui leur donne la grande densité qu'elles présentent au sortir de la terre : cette découverte mérite, sans doute, toute l'attention de l'Académie.

Quatre principaux sondages ont d'abord été faits pour reconnaître le système entier du terrain salifère du département de la Meurthe; l'ouverture du puits percé près de Vic, a encore beaucoup ajouté à la connaissance de cette formation, et a déjà donné lieu à une exploitation provisoire autorisée par le Ministre des Finances, et qui a fourni les échantillons que l'Académie a été chargée d'examiner.

La Commission, après avoir considéré qu'elles étaient les questions qu'elle aurait à traiter, a cru qu'il convenait de chercher à connaître le résultat

(1) La mine a été découverte le 14 mai 1819.

des travaux dont le sel nouvellement découvert avait été l'objet ; elle savait que l'Administration des Mines avait fait examiner, pour ainsi dire, jour par jour, les différens produits des coups de sonde donnés dans les environs de Vic, et elle a cru ne pouvoir mieux faire que de demander à l'École Royale des Mines copie des analyses qui ont été faites des produits de la Mine de Vic, depuis sa découverte. La commission a trouvé tout ce qu'elle pouvait désirer à cet égard, et elle déclare, avec plaisir, qu'elle doit à M. Berthier, professeur de chimie dans cette École, qui a bien voulu lui donner communication de son registre d'analyses, d'avoir été mise à même de présenter un rapport plus complet qu'elle n'aurait pu le faire si elle n'avait eu pour base de son travail, que l'examen des six échantillons qui ont été envoyés à l'Académie.

Ces six échantillons portent les désignations suivantes :

N° 1er Sel blanc.

N° 1 (bis) Sel blanc avec taches rouges, dues à l'oxide de fer.

N° 2 Sel rouge coloré par l'oxide de fer.

N° 3 Sel demi-gris.

N° 4 Sel gris imprégné de bitume.

N° 5 Sel gris et demi-gris mélangés, et contenant des noyaux d'une espèce de polyalithe.

Nous citerons d'abord ce que nous avons pu apprendre sur la nature des échantillons dont nous venons de parler, et nous y joindrons les observations qui nous sont propres.

Nous examinerons ensuite la question principale, qui nous paraît être celle qui a rapport à la salubrité du Sel gemme de Vic, considéré comme aliment, et enfin nous présenterons quelques détails sur l'emploi de ce sel, dans la pratique des arts où l'on fait usage du sel marin.

En comparant entre eux les échantillons dont il a été parlé plus haut, on voit que l'on peut, comme on l'a fait à l'École des Mines, ne distinguer que quatre variétés de sel, et le partager en sel blanc, sel demi-gris, sel gris et sel rouge.

Le sel blanc peut se diviser en sel blanc choisi et sel blanc commun; le sel choisi est d'un beau blanc, les morceaux en sont souvent transparens et d'une grande limpidité : ce sel est absolument pur.

Le sel blanc commun est taché, dans quelques endroits, de points rouges et gris, mais étant broyé, il donne une poudre d'un beau blanc que n'altère pas la calcination : ce sel ne contient, que 0,007 de substances étrangères.

La seconde variété de sel de Vic, le sel demi-gris, provient des échantillons dans lesquels le sel blanc se trouve mélangé, en proportions variables, avec le sel gris dont nous parlerons plus bas. On a trouvé qu'un bel échantillon de cette variété, ne contenait que 0,022 de substances étrangères, et que les échantillons les moins beaux n'en contenaient que 0,04 : ce sel pulvérisé donne encore une poudre bien blanche.

Le sel gris a une couleur gris-de-cendre, plus ou moins foncée; il n'est pas homogène; il se compose de parties blanches transparentes et presque pures, et d'autres qui sont au contraire opaques et d'un gris presque noir. Ce sel donne une légère odeur de bitume lorsqu'on le broie fortement; la poudre qu'on obtient est d'un blanc un peu grisâtre, et cette couleur passe au rose légèrement jaunâtre lorsqu'on fait calciner ce sel : l'analyse prouve que cette variété de sel ne contient que quatre à cinq centièmes de substances étrangères.

Les échantillons de sel coloré en rouge, qui forment la quatrième variété, n'ont encore été rencontrés dans la mine de Vic, qu'en petite quantité (1). Ce sel se trouve en amas et en veinules dans

(1) Le développement des travaux intérieurs de la mine a fait reconnaître depuis, d'assez grandes quantités de sel rose.

les couches d'argile salifère, ou disséminé entre les lames de sel blanc. Il est ordinairement fibreux, transparent, et d'un rouge d'oxide de fer plus ou moins foncé, et souvent très-beau ; sa poussière est d'un blanc légèrement rosé : ce sel ne renferme pas la moindre trace de sels étrangers, et ne contient que 0,001 à 0,002 d'oxide de fer mêlé d'un peu d'argile.

Ces quatre variétés de sel peuvent être regardées comme ne contenant pas d'eau ; car la calcination, quoique poussée assez loin, ne fait perdre aux variétés n°s 1, 2 et 3, réduites en poudre, au plus que 0,01 de leur poids, et le sel coloré en rouge ne perd rien dans cette opération. Ces sels ne contiennent pas de sels déliquescens ; et cependant leurs poudres ont l'aspect humide : mais cet effet est dû à ce que le sel marin, même le plus pur, attire légèrement l'humidité de l'air. Nous ferons observer, à ce sujet, que le Sel gemme de Vic présentera, sous ce rapport, un grand avantage pour le consommateur ; car ce sel n'absorbe que très-peu d'humidité, tandis que celui du commerce, qui est imprégné de sels déliquescens, contient souvent huit et quelquefois jusqu'à dix pour cent d'eau.

Les subtances étrangères qui se trouvent dans le sel de la mine de Vic, et qui en forment, au plus, les cinq centièmes dans les échantillons les moins purs, se composent;

D'argile bitumineuse,

D'oxide de fer,

De sulfate de chaux,

De sulfate de soude,

Et de sulfate de magnésie.

Mélangées au sel blanc en différentes proportions, ces substances constituent les quatre variétés dont nous avons parlé, et réunies entre elles, elles forment une combinaison analogue au polyalithe. Ce minéral, qui a été trouvé en amas et en veines dans le voisinage du premier banc de sel, ne perd rien par la calcination: il contient au cent,

Sulfate de chaux. . .	} Anhydres.	 0,522,
Sulfate de soude. . .		0,216.
Sulfate de magnésie.		. . . . 0,025.
Muriate de soude.		0,189.
Argile.		0,045.
Peroxyde de fer.		0,005.
		1,002.

Nous citons cette analyse, parce que nous aurons occasion d'en rappeler les résultats. Nous terminerons l'examen chimique du Sel de Vic, en disant que nous avons recherché avec soin, mais inutilement, la présence de la potasse dans les différens échantillons que nous avions à notre disposition. M. Berthier avait déjà obtenu le même résultat, et par conséquent le Sel de Vic diffère du Sel gemme de Bavière, et du pays de Salzbourg, dans lequel M. Vogel a reconnu la présence d'une très-petite quantité de chlorure de potassium.

Nous allons maintenant examiner les échantillons de Sel gemme de la mine de Vic, sous le rapport de leur emploi dans l'économie domestique.

Nous avons fait remarquer précédemment que la première variété du Sel gemme de Vic comprend le sel blanc choisi et le sel blanc commun ; que le sel choisi est parfaitement pur, et que le sel blanc commun donne une poudre d'un beau blanc, et ne contenant au plus que 0,007 de substances étrangères.

En examinant les tableaux ci-joints que nous avons formés, et qui présentent les résultats d'analyses faites à différentes époques, et par différens chimistes, de quarante-six échantillons de sel marin pris dans le commerce, soit en France, soit à l'étranger, on trouve que les échantillons les plus purs de ces sels livrés à la consommation, le sont moins que le Sel blanc de la mine de Vic, et que cette variété de sel mise en vente, pourra par conséquent être présentée aux consommateurs comme étant de première qualité.

M. Berthier a trouvé que le sel marin, qui se vend maintenant dans les salines de la Meurthe, ne contient que 97, 45 de sel pur par quintal; et l'on voit en parcourant les tableaux dont nous avons déjà parlé, que les sels de seconde qualité, provenant d'autres salines ou des marais salans, soit de France, soit des pays étrangers, sont souvent moins bons, et ne donnent que de 95 à 96 centièmes de sel pur. Il suit de là, que la seconde variété du Sel gemme de Vic, formée du sel demi-gris, et que nous avons vu ne contenir que de 0,022 à 0,04 de substances étrangères, se trouve encore composée de sel plus pur que le sel qui se fabrique maintenant dans les salines de la Meurthe.

L'inspection des mêmes tableaux prouve que le sel gris, qui se vend à Paris, ne contient au plus, étant séché, que de 95 à 96 de sel pur par quintal; qu'il se vend, pour l'usage de la table, des sels qui ne contiennent que de 93 à 94, et même que de 85 à 86 centièmes de sel marin pur, et que conséquemment les échantillons de sel gris de la mine de Vic, formant la troisième variété, et regardés comme les moins purs de tous, donneront encore, étant égrugés, une poudre plus pure que les sels communs qui se trouvent dans le commerce.

Les morceaux de Sel gemme de la mine de Vic, qui sont colorés en rouge par de l'oxide de fer, ne contenant, comme nous l'avons dit, que 0,002 de substances étrangères, et étant par conséquent composés de sel presque pur, donneront une poudre beaucoup plus riche en sel marin, que les meilleurs sels du commerce, et pourront par conséquent servir, par leur mélange avec le sel gris, à en améliorer encore la qualité.

Le Sel gemme extrait de la Mine de Vic, peut donc déjà fournir des poudres, au moins égales en pureté, aux sels qui se consomment maintenant, et, en triant avec soin les différens produits de cette Mine, on arrivera facilement à fournir des sels de première, de seconde et de troisième qualité, tous plus purs que les sels analogues qui se trouvent actuellement dans le commerce. Mais le degré de richesse du sel, n'est pas le seul point de vue sous lequel on doive examiner la question; il faut surtout savoir si les substances étrangères qui salissent le sel, ou qui s'y trouvent mélangées, sont insalubres.

Nous avons vu que les substances étrangères

contenues dans le Sel gemme de la Mine de Vic, étaient :

De l'argile bitumineuse,

De l'oxide de fer,

Du sulfate de soude,

Du sulfate de chaux,

Et du sulfate de magnésie :

Et que ces substances ne formaient au plus que les 0,04 des plus mauvais échantillons. On sait qu'en France, chaque individu consomme environ par jour, 18 grammes de sel marin : en supposant que le Sel gemme consommé soit de la plus mauvaise qualité, on trouve donc que chaque individu prendrait, par 24 heures, 0,8720 du mélange de substances étrangères dont nous avons parlé plus haut. La question est de savoir si, dans ce cas, qui est le plus défavorable, l'usage de ce sel peut nuire à la santé. La commission fait observer à ce sujet, que les sels des marais salans, qui se vendent maintenant dans le commerce, sont presque toujours souillés par les mêmes substances étrangères; qu'ils en contiennent souvent des proportions plus considérables, et que cependant, il ne parait pas que l'on ait jamais porté de plaintes au sujet de la vente et de l'emploi des sels de mer.

Il est vrai qu'il n'en a pas toujours été de même pour les sels fournis par les salines de l'Est de la France; mais on sait que les plaintes qui, à diverses reprises, ont été portées au sujet de ces sels, avaient pour cause bien plutôt leur saveur désagréable, que leur insalubrité. Nous ferons remarquer que les substances étrangères qui se trouvent dans le sel de Vic, y sont unies entre elles et y forment souvent, comme nous l'avons dit, une combinaison anhydre et peu soluble, qui doit présenter d'autant moins de dangers pour la santé ; et il est d'ailleurs probable que les exploitans de la Mine de Vic, mettront à part les qualités inférieures pour les travaux des arts, et ne vendront, pour le service de la table, que du sel choisi, presque pur, qui sera alors certainement d'une qualité supérieure à celle de tous les sels du commerce.

Mais pour ne laisser aucun doute à l'égard de la salubrité du sel de Vic, quoique, d'après sa composition, toute crainte dût paraître chimérique, nous ajouterons que l'un des membres de la commission a fait employer, pendant dix jours, dans son ménage composé de huit personnes d'âges très-différens, les plus mauvais échantillons de ce sel, sans en avoir éprouvé le moindre inconvénient; et que la compagnie Thonnelier déclare que les ouvriers employés dans l'intérieur de la Mine de Vic, font usage, depuis un an, du sel des différentes couches de cette Mine, sans en avoir jamais ressenti aucun mauvais effet.

Il reste encore à examiner si l'argile bitumineuse contenue dans le sel gris et demi-gris de Vic, ne donnera pas à ces variétés de sel, lorsqu'on les égrugera, une odeur et une saveur désagréables, et si les sulfates de chaux et de magnésie qu'ils contiennent ne s'opposeront pas à la cuisson des légumes et des graines sèches que l'on fera bouillir dans l'eau salée avec ces sels.

La commission a fait un grand nombre d'essais pour résoudre ces questions; elle a trouvé, comme l'avait remarqué M. Berthier, que lorsqu'on broie vivement les échantillons les moins purs de la Mine de Vic, il se dégage une odeur légèrement bitumineuse; mais cette odeur ne persiste pas et n'influe point sur la saveur du sel. On éviterait d'ailleurs cet inconvénient en pulvérisant le sel lentement et de manière à ne pas trop échauffer la masse. Quant à la cuisson des légumes, les essais multipliés qui ont été faits, en se servant du moins pur des échantillons de Vic, ont prouvé que la cuisson était seulement retardée de quelques minutes, mais que les légumes et même les graines sèches cuisaient bien, et qu'en employant le sel de Vic de seconde qualité, on n'observera plus de différence, car les légumes cuisaient alors comme lorsqu'on les salait avec le sel ordinaire.

Après avoir ainsi mis hors de doute la salubrité du Sel gemme de la Mine de Vic, et avoir prouvé la convenance de son application dans l'économie domestique, la commission croit devoir entrer, avant de finir son rapport, dans quelques détails au sujet de l'emploi de ce sel dans les arts.

La Mine de Sel gemme de Vic, dont l'existence est déjà reconnue sur une surface de trente lieues carrées, peut être considérée comme inépuisable. Il serait donc sans inconvénient de n'en extraire que le sel pur, et c'est le parti que désire prendre la compagnie chargée de l'exploitation de cette Mine. Si on suit ce mode de travail, le commerce ne recevra, pour la consommation, que des sels de qualité supérieure, et les arts, qui emploient le sel marin comme matière première, profiteront des mêmes avantages.

Si, au contraire, on exploite la Mine en en extrayant, soit la masse entière, soit seulement quelques-unes de ses couches, on sera forcé d'en trier les produits, et de les séparer en différens lots qui, étant réduits en poudre, pourront fournir au commerce trois qualités différentes de sel analogues aux variétés que nous avons désignées sous les noms de sel blanc, sel demi-gris et sel gris.

On destinera alors, sans doute, le sel blanc aux usages de la table; le sel de seconde qualité, ou le sel demi-gris, pourra encore être vendu comme sel commun pour le même emploi; mais sa principale consommation se fera probablement dans les ateliers où se préparent les salaisons de viandes, de poissons, de fromages et de beurre; car tout porte à croire que ce sel, qui ne contient pas de sels déliquescens, conviendra bien à ce genre de préparation : cette seconde variété sera enfin recherchée par les fabricans qui ne peuvent employer que du sel de bonne qualité.

La troisième espèce de sel, désignée sous le nom de sel gris, sera vendue en bloc ou en gros morceaux, que l'on pourra placer dans les étables, à portée des bestiaux, et pour leur usage, on réduire en poudre, pour pouvoir être mélangés avec leur nourriture. Ce sel gris sera préféré dans les manufactures, parce qu'il se vendra moins cher que le sel blanc et que le sel demi-gris, et qu'il ne contiendra cependant pas au-delà de quatre à cinq centièmes de substances étrangères. Les savoniers. les fabricans de sel ammoniac, les tanneurs, les hongroyeurs, les maroquiniers et les fabricans de poteries communes, emploieront ce sel dans leurs travaux; et il servira enfin de matière première aux fabricans de toiles peintes, aux blanchisseurs,

pour la préparation du chlore, et aux manufacturiers de soude, pour la production en grand de l'acide muriatique et de la soude extraite du sel marin. Cet emploi du Sel gemme nécessitera une précaution que la Commission croit devoir indiquer ici : la cohésion de ce sel est assez grande pour qu'on soit, sans doute, obligé de le réduire en poudre fine, avant de l'employer dans les manufactures. On a remarqué, en effet, que lorsqu'il n'est pulvérisé que grossièrement, l'acide sulphurique l'attaque alors avec peine ; et l'opération faite dans les appareils ordinaires, au même dosage et dans le même espace de temps, marche mal, donne de faibles produits, et laisse, pour résidu, un pain de sulfate, dans lequel on distingue facilement, à l'œil, une grande quantité de grains de sels transparens, et non décomposés. Plusieurs fabricans ont éprouvé ces mêmes inconvéniens, en faisant usage de tout autre sel gemme pour la préparation du chlore et de l'acide muriatique; mais la Commission sait qu'on a employé depuis, le sel de Vic, dans la fabrique de la Folie, près Nanterre, et qu'on en a obtenu de bons résultats, en ayant soin de le réduire en poudre fine, avant d'en opérer la décomposition. Elle s'est d'ailleurs assurée que cent grammes de Sel gemme, réduits en poudre, donnaient, en les traitant par excès d'acide sulphurique, jusqu'à cent quatre-vingts grammes d'acide muriatique ordinaire, ce qui est beaucoup plus qu'on ne peut obtenir du sel commun qui se vend à Paris, et qui ne peut fournir que cent soixante grammes du même acide. (1)

On voit donc que le Sel gemme de la mine de Vic conviendra facilement dans la pratique des

---

(1) TABLEAU *des quantités d'acide muriatique du commerce à* 22° (1177, *pesanteur spécifique*), *fournies par différens sels traités dans un appareil convenable, avec un grand excès d'acide sulfurique.*

	grammes.
100 grammes de sel gris du commerce, tel qu'il nous est livré, donnent.	159,877
Le même sel fortement séché.	175,4
Sel de mer raffiné ; dit sel blanc ; , tel qu'on le trouve dans le commerce.	165,24
Le même sel fortement sêché.	180
Sel blanc de la Mine de Vic.	178,5
Sel demi-gris de la Mine de Vic.	178
Sel gris de la Mine de Vic.	174
Un autre échantillon de sel gris de Vic. . .	178
Terme moyen des échantillons de sel gris de Vic.	174,3
Sel blanc de la Mine de Vic, choisi. . . .	180,1
Sel blanc de Vic, raffiné.	182,6
Terme moyen du sel blanc de Vic, raffiné. .	183

arts, où l'on fait usage du sel marin, et qu'il pourra même servir à améliorer quelques genres de fabrication importans, qui, jusqu'à présent, n'avaient pu trouver, dans le commerce, que des sels de moins bonne qualité.

La Commission termine son rapport en en rappelant brièvement les principaux résultats ; elle a prouvé, en citant les analyses des différentes variétés du Sel gemme de la mine de Vic, que ce sel était plus riche en sel marin pur que les sels qui se trouvent ordinairement dans le commerce ; que ce sel, ne contenant pas de sels déliquescens, attirera moins l'humidité de l'air, et que cette propriété sera la source, pour le consommateur, d'un bénéfice qui pourra quelquefois s'élever, s'il n'y a pas de fraude, jusqu'à dix pour cent. La Commission a aussi reconnu que le sel de la mine de Vic, étant égrugé, donnait toujours des poudres blanches et de belle qualité ; que les substances qui y sont mélangées en plus ou moins grande quantité, font de même partie des sels ordinaires : que ces substances, prises à la dose où elles se trouvent dans la portion de sel que chaque individu peut consommer par jour, sont bien loin de pouvoir être régardées comme dangereuses ; et qu'enfin le Sel gemme de Vic est parfaitement salubre, et d'une application fort avantageuse dans l'économie domestique. Quant à l'application du sel de Vic dans les arts, ses avantages sont incontestables; et la Commission, en considérant sa grande pureté et son abondance, ne peut que desirer vivement qu'il se répande dans le commerce.

Signe, CHAPTAL, GAY-LUSSAC, VAUQUELIN, DULONG, D'ARCET.

30
31
32
33
34
35
36
37
38
39
40
41
42
43
44
45
46

Analyses de 46 Échantillons de Sel Marin pris dans le Commerce.

Numéros d'ordre	Espèces de Sels.	Eau.	Matière Insoluble.	Sulfate de Chaux.	Sulfate de Magnésie.	Sulfate de Soude.	Hydrochlorate de Chaux.	Hydrochl.te de Magnésie.	Sel Marin pur.
1	Sel le plus pur de la Saline de Schonbek	4,00	.	0,80	.	1,00	.	0,30	93,90
2	Sel Anglais gris — de St Malo	.	0,90	2,35	0,45	.	trace	0,30	96,00
3	id. St Martin	.	1,20	1,90	0,60	.	id.	0,35	95,95
4	id. Oleron	.	1,00	1,95	0,42	.	id.	0,20	96,43
5	Sel de l'eau de mer — d'Écosse (commun)	.	0,40	1,50	1,75			2,80	93,55
6	d'Écosse (Sunday)	.	0,10	1,20	0,45			1,15	97,10
7	Lemington (commun)	.	0,20	1,50	3,50			1,10	93,70
8	id. (cat)	.	0,10	0,10	0,50			0,50	98,80
9	Sel de Cheshire — de Roche pilée	.	1,00	0,65	.		trace	0,02	98,33
10	Pêche	.	0,10	1,13	.		0,02	0,07	98,68
11	Commun	.	0,10	1,45	.		0,02	0,07	98,36
12	Étuvé	.	0,10	1,55	.	.	0,02	0,07	98,26
13	Sel à gros grains de Ludwishall.	0,21	.	0,17	.	0,03	.	trace	99,59
14	Sel à grains moyens id.	0,21	.	0,28	.	0,05	.	id.	99,46
15	Sel pour le Bétail id.	2,91	.	3,69		0,57		0,14	92,69
16	Sel de Konigsborn pour le débit ext.r	2,34	0,10	1,10		.	0,27	.	95,90
17	Sel de Konigsborn p.r le débit de l'Int.r	3,45	0,19	1,16	.	.	0,32	.	94,60
18	Gros Sel de Dieuze	.	0,06	.	.	.	.	0,56	99,38
19	Menu Sel de Dieuze	.	0,13		.	.		2,12	97,75
20	Château Salins.	.	0,06	.	.	.		2,12	97,82
21	Montmorot en grains	.	0,06	.	.	.	.	2,64	97,30
22	id. en pain.	.	0,35	.	.	.	.	3,54	96,11
23	un autre pain de Sel de Montmorot.	.	0,17	.	.	.	.	1,75	98,08
24	la partie inférieure d'un pain de id	.	0,39	.	.	.	.	4,62	94,99
25	id supérieure de ce même pain.	.	0,06	.	.	.	.	1,69	98,25
26	Salins en grains.	.	0,06	.	.	.	.	2,21	97,73
27	Salins en pains	.	0,65	.	.	.	.	4,42	94,93
28	Sel de la Gabelle de Paris.	.	1,58	.	.	.	.	2,60	95,82
29	Sel de Roheim	.	0,06	.	.	.	.	1,32	98,62
30	Sel de Bourgneuf	.	1,04	.	.	.	.	2,77	96,19
31	id. de Bouin.	.	0,26	.	.	.	.	2,17	97,57
32	id. de Noirmoutiers.	.	0,65	.	.	.	.	3,25	96,10
33	id. de Croisy.	.	1,04	.	.	.	.	3,12	95,84
34	id. de Soulington.	.	2,08	.	.	.	.	2,34	95,58
35	Sel blanc de Soultz.	.				.		3,12	96,88
36	id. gris de Soultz	.	4,68	.		.		3,12	92,20
37	Salines de Moutiers — Août 1807 Sels des bâtimens à cordes — des Bassins		.	.	0,40	0,75		0,18	98,67
38	des Cordes.	.	.	.	0,58	2,00		0,25	97,17
39	Sels des chaudières — 1.er Sel.	.	.	1,56	trace	3,80	.	trace	94,64
40	second	.	.	.	0,25	5,55	.	0,61	93,59
41	dernier	.	.		12,50	.	.	2,00	85,50
42	Sept.bre 1807 Sels des chaudières — 1.er Sel.	.	.	1,56	trace	3,80	.	trace	94,64
43	second	.	.	.	0,25	5,55		0,61	93,59
44	Dernier	.	.	.	12,50	.	.	2,00	85,50
45	Sels du bâtiment à cordes — des Bassins	.	.	.	0,40	0,75		0,18	98,67
46	des Cordes.	.	.	.	0,58	2,00		0,25	97,17

Nota. N.o 1 Klaproth N.os 2 à 12 N.os 13 à 15 annal. des mines tome 8 page 286. N.os 16 & 17 Klaproth tome 1.er page 333. N.os 18 à 36 chimie de Baumé tome 3 p. 540. N.os 37 à 46 annal. des mines tome 2, p. 104, 105, 106, 190.

www.ingramcontent.com/pod-product-compliance
Ingram Content Group UK Ltd.
Pitfield, Milton Keynes, MK11 3LW, UK
UKHW021601260726
13993UKWH00002B/968

9 782329 304038